普通高等教育"十三五"规划教材

土木工程专业 BIM结构方向 毕业设计指南

王言磊　张祎男　王永帅　张学　编著

U0216785

化学工业出版社

·北京·

本书基于土木工程专业 BIM 结构方向的本科毕业设计需求，以某六层混凝土框架结构为例，主要介绍了 Autodesk Revit Structure 和 Autodesk Robot Structural Analysis 软件的基本操作和应用技巧，涵盖了建模、结构分析以及 Revit 与 Robot 模型互导的相关内容，提供了采用这两款软件进行完整结构设计的方法。本书还详细介绍了 PKPM 软件的基本操作方法和技巧，并使用 PKPM 进行了包括建模、参数设置、模型调整、绘制施工图的完整结构设计。同时，本书将基于 Robot 的计算结果与基于 PKPM 的计算结果进行了详细对比分析，使读者能够直观地了解 BIM 技术与传统技术的异同。本书同时介绍了基于 BIM 技术和基于传统 PKPM 方法的结构设计，这有助于开拓毕业生的视野与思路，具有很强的实用性。

　　本书适用于高等院校土木工程专业学生，也可供土木工程结构设计人员和 BIM 爱好者参考。

图书在版编目（CIP）数据

土木工程专业 BIM 结构方向毕业设计指南/王言磊，张祎男，王永帅，张学编著. —北京：化学工业出版社，2018.1

普通高等教育"十三五"规划教材
ISBN 978-7-122-31110-8

Ⅰ.①土… Ⅱ.①王… ②张… ③王… ④张…
Ⅲ.①建筑设计-计算机辅助设计-应用软件-毕业设计-高等学校-教学参考资料 Ⅳ.①TU201.4

中国版本图书馆 CIP 数据核字（2017）第 297952 号

责任编辑：满悦芝　　　　　　　　　　　文字编辑：吴开亮
责任校对：边　涛　　　　　　　　　　　装帧设计：关　飞

出版发行：化学工业出版社（北京市东城区青年湖南街 13 号　邮政编码 100011）
印　　刷：三河市双峰印刷装订有限公司
装　　订：三河市双峰印刷装订有限公司
787mm×1092mm　1/16　印张 15¾　字数 393 千字　2018 年 3 月北京第 1 版第 1 次印刷

购书咨询：010-64518888（传真：010-64519686）　售后服务：010-64518899
网　　址：http://www.cip.com.cn
凡购买本书，如有缺损质量问题，本社销售中心负责调换。

定　　价：48.00 元

前 言

随着建筑行业的迅速发展和信息化数字技术在建筑行业的推广应用，建筑信息模型（Building Information Modeling，BIM）技术正在全方位、多维度地影响建筑业，建筑行业正在经历一次新的变革。BIM技术的应用改变了建筑设计从业者的工作模式，相较于基于CAD技术的二维设计方法，BIM技术具有三维可视化、参数化、标准化、信息化等优势，显著提升设计的质量和效率。结构设计是工程项目设计的重要环节，也是BIM设计的重要组成部分。一些国家，已经将BIM技术成熟地应用到结构设计中。如何实现基于BIM的结构设计，是当前结构专业的一个热点领域。

目前BIM技术在我国结构设计方面的应用尚未得到大范围推广，主要原因是结构物理模型与结构分析模型之间无法做到完美对接，与BIM核心建模软件能够实现结构几何模型、荷载模型和边界约束条件双向互导的软件很少。能够实现物理模型、分析模型最大程度互导的软件主要是基于同系列软件之间的。因此，本设计指南中基于BIM的设计方法采用了同为Autodesk公司产品的Revit Structure和Robot Structural Analysis作为三维结构建模软件和三维结构分析软件。由于Robot Structural Analysis软件并不是针对我国开发，因此在设计规范、计算方法、配筋设计等很多方面还存在一些问题。本指南在详细介绍Revit和Robot软件操作的基础上，以某六层混凝土框架结构设计为例，还对Robot和PKPM的计算结果进行了详细对比分析。最后，分别介绍了基于Robot Structural Analysis分析结果的三维配筋方法和基于Revit Structure的三维配筋技术。

在引入基于BIM技术的结构设计的同时，本设计指南还介绍了基于传统PKPM的结构设计方法，以该六层混凝土框架结构设计为例，介绍了从结构建模、参数设置、结构调整到绘制施工图的一个完整结构设计流程。

本书适用于高等院校土木工程专业学生，也可供土木工程结构设计人员、管理人员和BIM爱好者参考。

本书由大连理工大学王言磊、张祎男、王永帅和张学编著，其中第1章、第4章、第6章、第8章由王言磊编写，第2、3章由张祎男编写，第5章由王永帅编写，第7章由张学编写，全书由王言磊统稿。

本书在编写过程中，本科生王珠萍、李冠衡、沈怡丰、张水生和熊涛等人提出了很多宝贵建议；本书的出版还获得了大连理工大学教材出版基金项目（项目编号：JC2017016）的资助。在此，编者谨向对本书编写工作提供无私帮助的本科生和大连理工大学教材出版基金表达诚挚的感谢！

在本书编写过程中，编者参考了大量相关文献资料，在此谨向这些文献的作者表示衷心的感谢。虽然编写过程中力求叙述准确、完善，但由于作者水平有限，书中难免有不足之处，恳请广大读者批评指正。

编著者
2017年11月

目　录

第 1 章

毕业设计的目的和要求

毕业设计的目的和要求

1.1　毕业设计的目的

毕业设计是土建类各专业本科培养计划中最后一个教学环节，也是学生在大学学习过程中的最后一个十分重要的实践教学环节，是学生走入社会之前的工作预演，是沟通理论学习与工程实践的一座桥梁。毕业设计的目的是培养学生综合应用所学基础课、专业课知识和相应技能，解决土木工程设计问题的综合能力和创新能力，提高学生的综合素质和分析、处理问题的本领。通过毕业设计，学生既要把所学的基础理论、专业知识和实践技能应用到工程实践中，又要熟悉国家（地方、行业）有关规范、条例和规程，将所学知识系统化，提高独自处理各种复杂问题的能力。此外，毕业设计还使学生了解作为一个工程师所担任的责任与义务，提高个人工程素质，为即将走向工作岗位做好准备。

1.2　毕业设计的要求

毕业设计过程包括设计准备、正式设计、毕业答辩三个阶段。设计准备阶段主要是根据设计任务书要求，明确工程特点和设计要求，收集有关资料，拟定设计计划；正式设计阶段需完成设计、计算以及分析等，这一阶段分为：建筑设计、结构设计、施工设计等不同阶段，具体阶段要有严格的时间分配；毕业答辩阶段主要是总结毕业设计过程和成果，深化对有关概念、理论、方法的认识。

在毕业设计前，学生应该了解毕业设计不同阶段要做什么、达到什么标准，形成一个清晰的设计思路。做好毕业设计，对提高学生专业素养，提高毕业生质量是至关重要的。完成一份好的毕业设计，需要从以下几方面入手。

1.2.1　毕业设计题目

土建类各专业都是实践性极强的专业，其毕业生的就业定位相对明确，毕业设计题目应选择具有实际工程背景的课题。同时，为保证学生在毕业设计规定的时间内能得到设计全过程训练，需要选择建设规模大小适中、训练内容能较好满足教学需要的课题。

1.2.2　毕业设计任务书

为了保证学生能够有序地进行毕业设计，指导教师应认真编制毕业设计任务书。毕业设计任务书应包括题目、教学目的、设计内容、设计资料、进度安排等内容。本书中的毕业设计任务书如下所示，供读者参考。

题目：面向 BIM 需求的六层混凝土框架结构三维建模与结构设计

Title：3D modeling and structure design of a six. story RC
frame structure based on BIM technique

一、基本设计资料

1. 工程名称：大连市某六层办公楼。

2. 工程概况：该工程占地面积约为 750m^2，建筑面积约为 4500m^2，建筑物主体为六层，室内外高差 0.3m。

3. 风荷载：大连市基本风压为 0.65kN/m²，场地粗糙程度为 C 类。

4. 雪荷载：标准值为 0.4kN/m²，雪荷载准永久值系数分区为 Ⅱ 类。

5. 地震作用：抗震设防烈度为 7 度（0.1g），Ⅱ 类场地，设计地震分组为第一组。

6. 地质条件：地表 1.1m 以内为杂填土，1.1m 以下为亚黏土，地基承载力 $f_k =$ 220kPa。

7. 工程设计使用年限：50 年。

8. 材料选用：均采用 HRB400 钢筋；均采用 C30 混凝土。

二、设计目标、内容和要求

设计目标：培养学生利用 BIM 技术进行多层混凝土框架结构三维建模与结构分析、设计的能力。

主要设计内容：

1. 根据相关设计规范，对这个六层混凝土框架结构的办公楼进行荷载分析：竖向荷载及水平荷载计算、水平荷载作用下框架的内力分析、竖向荷载作用下结构内力计算、荷载效应组合等。

2. 采用三维结构建模软件 Autodesk Revit Structure 对大连市某六层混凝土框架结构的办公楼进行三维结构建模，包括梁、板、柱、基础等（含内部的配筋情况等）。

3. 基于上述建立的三维结构模型和分析的最不利荷载工况，利用 Autodesk Robot Structural Analysis 软件对该六层混凝土框架结构的办公楼进行三维结构受力分析，以分析该结构的内部受力情况。

4. 利用 PKPM 软件对该六层混凝土框架结构的办公楼进行内力分析与设计，并将分析结果与 Autodesk Robot Structural Analysis 的分析结果进行对比。

5. 基于 Autodesk Robot Structural Analysis 和 Autodesk Revit Structure 软件的三维配筋设计。

设计要求：

1. 熟练掌握 Autodesk Revit Structure 软件、Autodesk Robot Structural Analysis 软件和 PKPM 软件。

2. 完成至少 3 张建筑施工图。

3. 完成至少 4 张结构施工图。

4. 完成至少 2 张三维结构图。

三、各阶段时间安排、应完成的工作量

1~3 周：学习 BIM 技术相关知识，确定建筑方案和结构方案，并进行荷载统计；

4~5 周：学习 Autodesk Revit Structure 软件的基本操作技巧；

6~7 周：利用 Autodesk Revit Structure 软件进行三维结构建模；

8~10 周：学习 Autodesk Robot Structural Analysis 软件，并进行结构三维建模分析与设计；

11~12 周：学习 PKPM 软件，并进行结构分析与设计；

13 周：将 PKPM 分析结果与 Robot 的结果进行对比分析；

14~15 周：改图、毕设检测、上交毕业设计说明书和图纸等；

16 周：毕设评阅、答辩。

四、应阅读的资料及主要参考文献目录

1. GB/T 50001—2010. 房屋建筑统一制图标准.

2. GB/T 50105—2010. 建筑结构制图标准.

3. GB 50016—2014. 建筑设计防火规范.

4. GB 50009—2012. 建筑结构荷载规范.

5. GB 50010—2010（2015 版）. 混凝土结构设计规范.

6. GB 50003—2011. 砌体结构设计规范.

7. JGJ 94—2008. 建筑桩基技术规范.

8. GB 50007—2011. 建筑地基基础设计规范.

9. GB 50011—2010（2016 年版）. 建筑抗震设计规范.

10. Leonard Spiegel and George F Limbrunner. Reinforced Concrete Design，5th Edition Tsinghua University Press，2006.

11. Autodesk Asia Pte Ltd. Autodesk Revit Structure 2012. 上海：同济大学出版社，2012.

12. 王言磊，张祎男，陈炜. BIM 结构——Autodesk Revit Structure 在土木工程中的应用. 北京：化学工业出版社，2016.

13. 王言磊，王永帅. BIM 结构——Autodesk Robot Structural Analysis 在土木工程中的应用. 北京：化学工业出版社，2017.

14. 王言磊，李芦钰，侯吉林，安永辉. 土木工程常用软件与应用——PKPM、ABAQUS 和 MATLAB. 北京：中国建筑工业出版社，2017.

15. Sham Tickoo. Exploring Autodesk Revit Structure 2016，6th Edition. CADCIM Technologies，2015.

16. Ken Marsh. Autodesk Robot Structural Analysis Professional 2015：Essentials. Marsh API LLC. 2014.

17. 杨星. PKPM 结构软件从入门到精通. 北京：中国建筑工业出版社，2008.

1.2.3　加强毕业设计学习

在毕业设计过程中，同学们需要以热情好学、求实创新的态度来对待毕业设计的每一个环节，综合运用所学知识解决实际问题，获取新知识，提高独立工作能力，在完成设计任务的同时，真正掌握所用到的方法及计算机软件的使用。同时，同学们也要积极开拓自己的视野，掌握专业发展的方向，为毕业后工作打下坚实的基础。

第 2 章

BIM简介、发展与应用

2.1 BIM 简介

2.1.1 BIM 概念的提出

在 20 世纪 60 年代，随着计算机图形学的诞生和计算机辅助设计（Computer-Aided Design，CAD）的发展，建筑界开展了计算机辅助建筑设计（Computer-Aided Architectural Design，CAAD）的研究。查理斯·伊斯曼在研究 CAAD 的过程中，提出了应用数据库技术建立的建筑描述系统（Building Description System，BDS）的概念，这一概念就是 BIM 的雏形，之后对建筑信息建模的研究不断深入。

1988 年由美国斯坦福大学教授保罗·特乔尔兹（Paul Teicholz）博士建立的设施集成工程中心（CIFE）是 BIM 研究发展进程的一个重要标志。CIFE 在 1996 年提出了 4D 工程管理的理论，将时间属性也包含进建筑模型中。在 2001 年，CIFE 提出了建设领域的虚拟设计与施工（Virtual Design and Construction，VDC）的理论和方法。今天，4D 工程管理和 VDC 都是 BIM 的重要组成部分。

在这期间，软件开发商经过不断努力与实践，开发出了一批不错的建筑软件。匈牙利的 Graphisoft 公司、美国的 Bentley 公司以及美国的 Revit 技术公司都是软件开发商中的代表。美国的 Autodesk 公司在 2002 年收购了 Revit 技术公司，Revit 便成为 Autodesk 公司旗下的产品。

2002 年，时任美国 Autodesk 公司副总裁菲利普·伯恩斯坦首次在世界上提出 Building Information Modeling 这个新的建筑信息技术名词术语，于是它的缩写 BIM 也作为一个新术语应运而生。

随着 BIM 应用的不断扩大以及研究的不断深入，人们对 BIM 的认识不断深化。BIM 的含义比起问世时大大拓展。可以认为，BIM 的含义应当包括以下三个方面。

① BIM 是设施所有信息的数字化表达，是一个可以作为设施虚拟替代物的信息化电子模型，是共享信息的资源，即 Building Information Model，称为 BIM 模型。

② BIM 是在开放标准和互用性基础之上建立、完善和利用设施的信息化电子模型的行为过程，设施有关的各方面可以根据各自职责对模型插入、提取、更新和修改信息，以支持设施的各种需要，即 Building Information Modeling，称为 BIM 建模。

③ BIM 是一个透明的、可重复的、可核查的、可持续的协同工作环境，在这个环境中，各参与方在设施全生命周期中都可以及时联络，共享项目信息，并通过分析信息，做出决策和改善设施的交付过程，使项目得到有效的管理，也就是 Building Information Management，称为建筑信息管理。

2.1.2 BIM 完成使命的方法

尽管工程项目的参与方众多、生命周期时间跨度大、使用的软件产品种类复杂，但是构成这些复杂的业务流程直至整个项目的基本单元却有着相同的结构。

由此可知，组成整个 BIM 宏大使命的基本单元就是：每个任务的输入信息能够从上游的一个或多个任务输出信息中自动获取，每个任务的输出信息能够自动成为下游一个或多个任务的部分或全部输入信息。

美国 BIM 标准把跟 BIM 有关的人员分成如下三类。

① BIM 用户：包括建筑信息创建人和使用人，他们决定支持业务所需要的信息，然后使用这些信息完成自己的业务功能，所有项目参与方都属于 BIM 用户。

② BIM 标准提供者：为建筑信息和建筑信息数据处理建立和维护标准。

③ BIM 工具制造商：开发和实施软件及集成系统，提供技术和数据处理服务。

由于在执行层面所有项目成员都依靠不同的软件产品来完成属于自己职责范围内的信息输入、处理和输出工作，因此对于 BIM 用户来说，BIM 的使命可以简化为一个项目中使用的数十上百个软件之间信息的自由流动，其中上面文字所谓的"自动"就是指不需要人工干预（例如人工解释、人工录入等），机器能够自动识别。

要实现这个目的，本质上有下列三种方式。

① 开发一个超级软件支持所有项目成员完成项目生命周期不同阶段的所有任务：当这样的描述摆在业内人士面前的时候，几乎没有人会认为这件事情实际上可以实现。但是，在现实世界里，不知道是因为 BIM 资料介绍得不清楚还是有些同行理解有误，认为 BIM 可以解决所有问题的人还是有相当一部分的，另外一个常见的误区是所有项目信息都放一个 BIM 模型里面。

② 不同软件之间直接进行信息交换：既可以用来实现人与人之间的信息交换，也可以用来实现软件和软件之间的信息交换。如果涉及的软件数量比较少，这是一个非常有效的方式，但是当互相之间需要进行信息交换的软件数量达到一定程度以后（例如 10 个以上），这种方式的成本会呈几何级数增加。只要有一个软件的数据模型由于版本升级等原因进行了改变，所有其他软件和该软件的接口都要进行更新。

③ 开发一个所有软件都支持的中间文件（数据标准），软件之间的信息交换通过该中间文件来实现。需要说明的是，虽然这种方式最具有可行性，但开发这样一个能够支持所有项目参与方在项目不同阶段使用数以百计和数以千计应用软件完成各自项目职责的数据标准，其需要投入的人力、物力、时间也将是巨大的。

美国的一项研究资料表明，开发和维护 20 个软件之间直接进行信息交换所需要的成本，是开发和维护一个 20 个软件都支持的中间数据标准所需要成本的 20 倍。

这就是今天为 BIM 完成使命选择的办法，开发一个支持项目生命周期所有阶段、所有项目成员、所有软件产品之间自动进行信息交换的数据标准。因为需要支持的范围如此之广，所以必须是一个公开标准（相对于专用标准而言）；又因为需要支持信息自动交换，所以必须是一个结构化的标准（相对于非结构化而言）。

2.1.3　BIM 技术及特点

BIM 技术是一项应用于设施全生命周期的 3D 数字化技术，它以一个贯穿其生命周期的通用数据格式，创建、收集该设施所有相关的信息并建立起信息协调的信息化模型作为项目决策的基础和共享信息的资源。具有以下四个特点。

(1) 操作的可视化

可视化是 BIM 技术最显而易见的特点，BIM 技术的一切操作都是在可视化的环境下完成的。而且为实现可视化操作开辟了广阔的前景，其附带的构件信息（几何信息、关联信息、技术信息等）为可视化操作提供了有力的支持，不但使一些比较抽象的信息（如应力、温度、热舒适性）可以用可视化方式表达出来，还可以将设施建设过程及各种相互关系动态地表现出来。

BIM 技术的可视化是一种能够同构件之间形成互动性和反馈性的可视化，在 BIM 建筑信息模型中，整个过程都是可视化的，可视化的结果不仅可以进行效果图的展示及报表的生成，更重要的是，项目设计、建造、运营过程中的沟通、讨论、决策都在可视化的状态下进行。可视化操作为项目团队进行的一系列分析提供了方便，有利于提高生产效率、降低生产成本和提高工程质量。

（2）信息的完备性

BIM 是设施的物理和功能特性的数字化表达，包含设施的所有信息，从 BIM 的这个定义就体现了信息的完备性。BIM 模型包含了设施的全面信息，除了对设施进行 3D 几何信息和拓扑关系的描述外，还包括了完整的工程信息的描述。如：对象名称、结构类型、建筑材料、工程性能等设计信息；施工工序、进度、成本、质量以及人力、机械、材料资源等施工信息；工程安全性能、材料耐久性能等维护信息；对象之间的工程逻辑关系等。

信息的完备性还体现在创建模型的过程中，设施的前期策划、设计、施工、运营维护各个阶段都连接了起来，把各阶段产生的信息都存储进 BIM 模型中，使得 BIM 模型的信息来自单一的工程数据源，包含了设施的所有信息。BIM 模型内的所有信息均以数字化形式保存在数据库中，以便更新和共享。

（3）信息的协调性

协调性体现在两个方面：一是在数据之间创建实时的、一致性的关联，对数据库中数据的任何更改，都马上可以在其他关联的地方反映出来；二是在各构件实体之间实现关联显示、智能互动。

建立起信息化建筑模型后，各种平、立、剖 2D 图纸以及门窗表等图表都可以根据模型随时生成。在任何视图（平面图、立面图、剖视图）上对模型的任何修改，都视为对数据库的修改，会马上在其他视图或图表上关联的地方反映出来，而且这种关联变化是实时的。这种关联变化还表现在各构件实体之间可以实现关联显示、智能互动。例如，模型中的屋顶是和墙相连的，如果要把屋顶升高，墙的高度就会随即跟着变高。BIM 模型中各个构件之间具有良好的协调性。

（4）信息的互用性

应用 BIM 技术可以实现信息的互用性，充分保证了信息经过传输与交换以后，信息前后的一致性。

具体地说，实现互用性就是 BIM 模型中所有数据只需要一次性采集或输入，就可以在整个设施的全生命周期中实现信息的共享、交换与流动，使 BIM 模型能够自动演化，避免了信息不一致的错误。在建设项目不同阶段免除对数据的重复输入，可以大大降低成本、节省时间、减少错误、提高效率。

实现互用性最主要的一点就是 BIM 支持 IFC 标准。另外，为方便模型通过网络进行传输，BIM 技术也支持 XML。

2.1.4　BIM 相关软件

美国智能建筑协会主席 Dana K. Smitnz 曾经说"单纯依赖某一个计算机软件解决所有设计中出现的问题是不可能的。"所以，设计人员在应用 BIM 技术之前应当充分了解 BIM 软件，进而深一层地掌握 BIM 技术的应用。

BIM 软件可分为如下几类：BIM 核心建模软件；BIM 方案设计软件；与 BIM 接口的几

何造型软件；BIM 可持续（绿色）分析软件；BIM 机电分析软件；BIM 结构分析软件；BIM 可视化软件；BIM 模型检查软件；BIM 深化设计软件；BIM 模型综合碰撞检查软件；BIM 造价管理软件；BIM 运营管理软件；二维绘图软件；BIM 发布审核软件。

市面上主流的 BIM 核心建模软件分别来自 Autodesk（欧特克）、Bentley（奔特力）、Graphisoft 三家公司。在上述的前两家公司的努力下，整个美国有百分之八十以上的项目把 BIM 作为其最高级的描述术语。

Revit 是来自美国欧特克公司的 BIM 核心建模软件，该软件主要用于民用建筑设计。其最近的版本已经将建筑、结构、MEP 专业合并到同一个模块下。由于在二维设计中，欧特克公司的 CAD 具有统治性的地位，因此，Revit 成为市场上最主流的 BIM 建模软件。欧特克公司的 BIM 解决方案，如图 2-1 所示。

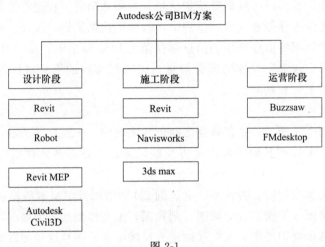

图 2-1

除此之外，来自美国奔特力公司的 AECOsim Building Designer 在工业建筑中有强大的市场，与 Revit 的集成方式不同，该软件的文件格式小，所有文件都写入 Workspace 中，在同等计算机配备的前提下，能够搭建更多的 BIM 模型。但是该公司对该软件开放的 API 相对较少，采用该软件进行二次开发相对较为困难。奔特力公司的 BIM 解决方案，如图 2-2 所示。

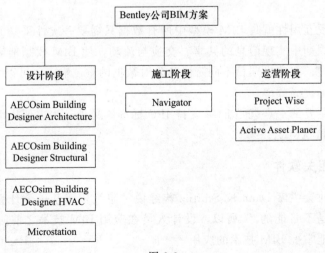

图 2-2

2.2 BIM 的国内外发展现状

在 BIM 问世后，各个国家政府和相关机构给予了高度关注，发布了相关的技术标准，在发达国家中有了较为系统的发展。许多全球闻名的建筑公司都引入了 BIM 理念，在相关软件技术的支持下，建筑工程得到了更好的发展。越来越多的项目在应用 BIM 后，实现了缩短工期、提升效率、节约成本、提高质量的目标。

2.2.1 BIM 在国外的发展

(1) BIM 在美国

美国作为世界一流发达国家，其建筑业的发展水平已经达到相当高的程度，但是美国仍然在建筑业信息化工作上投入了大量的研究，其研究工作已经进行到了一定深度，BIM 技术的发展应用状况达到了世界领先的水平。美国的 BIM 应用已经达到了相当的程度，针对不同功能的应用不断为 BIM 的发展提供现实资料。同时，高覆盖率的应用状况催生出了各类相关 BIM 标准，为推进 BIM 的发展提供了有力的保障。相关调研报告指出，2007 年、2009 年以及 2012 年的 BIM 应用比例分别为 28%、49% 以及 71%，而且有超过 74% 的承包商在应用 BIM，超过了建筑师（70%）及机电工程师（67%）。BIM 的认可度在逐步提高。

美国陆军工程兵团（the U. S. Army Corps of Engineers，USACE）隶属于美国联邦政府和美国军队，为美国军队提供项目管理和施工管理服务，一共有三万多平民和六百多军人，是世界最大的公共工程、设计和建筑管理机构。早在 2006 年 10 月，美国陆军工程兵团就发布了一份为期 15 年的 BIM 发展路线规划图（Building Information Modeling：A Road Map for Implementation to Support MILCON Transformation and Civil Works Projects within the U. S. Army Corps of Engineers），如图 2-3 所示，为美国陆军工程兵团采用和实施 BIM 技术提供指导，制定战略规划，以达到提升项目规划、设计和施工质量的目标。规划中，美国陆军工程兵团计划将 BIM 技术应用于未来所有军事建设项目。

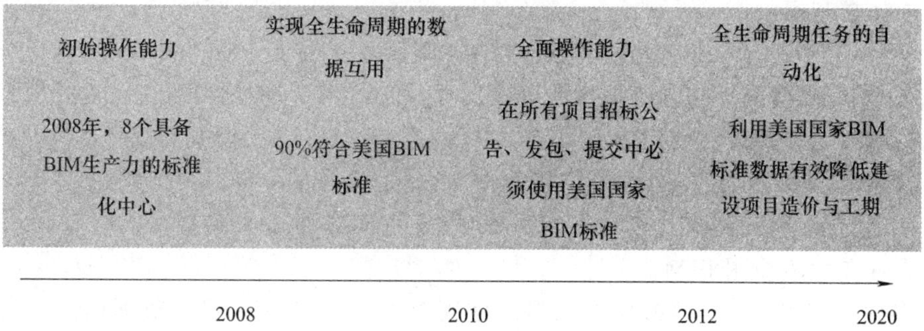

初始操作能力	实现全生命周期的数据互用	全面操作能力	全生命周期任务的自动化
2008年，8个具备BIM生产力的标准化中心	90%符合美国BIM标准	在所有项目招标公告、发包、提交中心须使用美国国家BIM标准	利用美国国家BIM标准数据有效降低建设项目造价与工期

| 2008 | 2010 | 2012 | 2020 |

图 2-3

美国陆军工程兵团还在规划的附录中发布了 BIM 实施计划，涉及 BIM 团队建设、BIM 关键成员的角色与培训、标准与数据等方面，可以说是为 BIM 的应用实施提供全面指导。2010 年，美国陆军工程兵团发布了基于 Autodesk 平台和 Bentley 平台的 BIM 实施计划，为了适应军事建设项目的应用，并在 2011 年进行了补充与修正。

BuildingSMART 联盟（buildingSMART alliance，bSa）是美国建筑科学研究院（National Institute of Building Science，NIBS）在信息资源和技术领域的一个专业委员会，成立于 2007 年，同时也是 Building SMART 国际（buildingSMART International，bSI）的北美分会。bSI 的前身是国际数据互用联盟（International Alliance of Interoperability，IAI），开发和维护了 IFC（Industry Foundation Classes）标准以及 open BIM 标准。

联盟致力于普及 BIM 的发展应用，力图使项目不同的参与方在全生命周期实现共享项目信息的目标。BIM 技术的核心优势在于，通过将项目信息进行收集与处理，达到节约成本、减少浪费的目的。因此，联盟的一大目标是力争在 2020 年之前，实现帮助建设部门节约超过三成浪费的目标。

bSa 下属的美国国家 BIM 标准项目委员会（the National Building Information Model Standard Project Committee-United States NBIMS-US）专门负责美国国家 BIM 标准（National Building Information Model Standard，NBIMS）的研究与制定。2007 年 12 月，委员会发布了美国国家 BIM 标准的第一版的第一部分，如图 2-4 所示，主要包括了两大方面的内容：一是关于信息交换；二是关于相关技术开发过程，标准在很大程度上明确了 BIM 的实施过程，对各方不同的使用工具进行了严格的定义，制定了数据交换要求的统一标准，使不同参与方可以更好地实现协同的要求。2012 年 5 月，委员会发布美国国家 BIM 标准的第二版内容。第二版的编写过程采用了较开放的编制方法，开放投稿各专业 BIM 标准，通过民主投票来决定标准的内容（Open Consensus Process），被称为是第一份基于共识的 BIM 标准。

图 2-4

(2) BIM 在英国

2010、2011 年英国 NBS 组织了全英的 BIM 调研，从网上 1000 份调研问卷中统计出最终的英国 BIM 应用情况。从调研报告中可以发现，2011 年，有 48％的人仅听说过 BIM，而 31％的人不仅听过，而且在使用 BIM，有 21％的人对 BIM 一无所知，这一数据不算太高，但与 2010 年相比，BIM 在英国的推广趋势却十分明显。2010 年，有 43％的人从未听说过 BIM，而使用 BIM 的人仅有 13％，有 78％的人同意 BIM 是未来趋势，同时有 94％的受访人表示会在 5 年之内应用 BIM。

与大多数国家相比，英国政府要求强制使用 BIM。2011 年 5 月，英国内阁办公室发布了"政府建设战略（Government Construction Strategy）"文件，其中有整个章节关于建筑信息模型（BIM），这些章节中明确要求，到 2016 年，政府要求全面协同的 3D·BIM，并将全部的文件以信息化管理。为了实现这一目标，文件制定了明确的阶段性目标，如：2011 年 7 月发布 BIM 实施计划；2012 年 4 月，为政府项目设计一套强制性的 BIM 标准；2012 年夏季，BIM 中的设计、施工信息与运营阶段的资产管理信息实现结合；2012 年夏天起，分阶段为政府所有项目推行 BIM 计划；至 2012 年 7 月，在多个部门确立试点项目，运用 3D、BIM 技术来协同交付项目。文件也承认由于缺少兼容性的系统、标准和协议，以及客户和主导设计师的要求存在区别，大大限制了 BIM 的应用，因此，政府将重点放在制定标准上，确保 BIM 链上的所有成员能够通过 BIM 实现协同工作。

政府要求强制使用 BIM 的文件得到了英国建筑业 BIM 标准委员会 ［AEC（UK）BIM Standard Committee］的支持。英国建筑业 BIM 标准委员会已于 2009 年 11 月发布了英国建筑业 BIM 标准 ［AEC（UK）BIM Standard］，于 2011 年 6 月发布了适用于 Revit 的英国建筑业 BIM 标准 ［AEC（UK）BIM Standard for Revit］，于 2011 年 9 月发布了适用于 Bentley 的英国建筑业 BIM 标准 ［AEC（UK）BIM Standard for Bentley Product］。目前，标准委员会还在制定适用于 ArchiACD、Vectorworks 的类似 BIM 标准，以及已有标准的更新版本。这些标准的制定都为英国的 AEC 企业从 CAD 过渡到 BIM 提供切实可行的方案和程序，例如，该如何命名模型、如何命名对象、单个组件的建模、与其他应用程序或专业的数据交换等。特定产品的标准是为了在特定 BIM 产品应用中解释和扩展通用标准中的一些概念。标准委员会成员编写了这些标准，这些成员来自于日常使用 BIM 工作的建筑行业专业人员。所以这些服务不只停留在理论上，更能应用于 BIM 的实际实施。

2012 年针对政府建设战略文件，英国内阁办公室还发布了 “年度回顾与行动计划更新” 的报告，报告显示，英国司法部下有四个试点项目在制定 BIM 的实施计划；在 2013 年底前，有望 7 个大的部门的政府采购项目都使用 BIM；BIM 的法律、商务、保险条款制定基本完成；COBie 英国标准 2012 已经在准备当中；大量企业、机构在研究基于 BIM 的实践。

英国的设计公司在 BIM 实施方面已经相当领先了，因为伦敦是众多全球领先设计企业的总部，如 Foster and Partners、Zaha Hadid Architects、BDP 和 II ArupSports，也是很多领先设计企业的欧洲总部，如 HOK、SOM 和 Gender。在这些背景下，一个政府发布的强制使用 BIM 的文件可以得到有效执行。因此，英国的 AEC 企业与世界其他地方相比，发展速度更快。

（3）BIM 在北欧国家

北欧一些国家是主要的建筑软件厂商的基地，如 Tekla 和 Solibri，这些国家包括挪威、丹麦、瑞典和芬兰等，对于 ArchiCAD 的应用程度相对较高。基于该背景，基于模型的设计工作首先在这些国家开展。北欧四国并没有强制要求采用 BIM 技术，但由于先进建筑信息技术软件的强力推动，BIM 技术主要是在企业中自发进行应用。北欧国家纬度较高，地理位置偏于北极圈，冬天漫长多雪，建筑的预制化对这些国家而言相当的重要，这促进了可以包含丰富的建筑信息数据、基于三维实体模型的 BIM 技术的进步，间接导致了 BIM 的部署应用。

与上述国家不同，北欧四国政府强制却并未要求全部使用 BIM，由于当地气候的要求以及先进建筑信息技术软件的推动，BIM 技术的发展主要是企业的自觉行为，如 Senate Properties 是一家芬兰国有企业，也是荷兰最大的物业资产管理公司。2007 年，Senate Properties 发布了一份建筑设计的 BIM 要求（Senate Properties' BIM Requirements for Architectural Design，2007）。自 2007 年 10 月 1 日起，Senate Properties 的项目仅强制要求建筑设计部分使用 BIM，其他设计部分可根据项目情况自行决定是否采用 BIM 技术，但目标将是全面使用 BIM。该报告还提出，在设计招标阶段将有强制的 BIM 要求，这些 BIM 要求将成为项目合同的一部分，具有法律约束力；建议在项目协作时，建模任务需创建通用的视图，需要准确的定义；需要提交最终 BIM 模型，且建筑结构与模型内部的碰撞需要进行存档；建模流程分为四个阶段：Spatial Group BIM、Spatial BIM、Preliminary Building Element BIM 和 Building Element BIM。

（4）BIM 在韩国

根据 building SMART Korea 与延世大学 2010 年的一份调研，问卷调查发给了 89 个 AEC 领域的企业，34 个企业给出了答复：其中 26 个公司反映，在他们的项目中已经采用了 BIM 技术；3 个企业报告，他们正准备采用 BIM 技术；而 4 个企业反映，尽管他们的某些项目已经尝试 BIM 技术，但是还没有准备开始在公司范围内采用 BIM 技术。

韩国在运用 BIM 技术上十分领先。多个政府部门都致力于制定 BIM 的标准，例如韩国公共采购服务中心和韩国国土交通海洋部。

韩国公共采购服务中心（Public Procurement Service，PPS）是韩国所有政府采购服务的执行部门。2010 年 4 月，PPS 发布了 BIM 路线图，内容包括：2010 年，在 1~2 个大型工程项目应用 BIM；2011 年，在 3~4 个大型工程项目应用 BIM；2012~2015 年，超过 50 亿韩元大型工程项目都采用 4D·BIM 技术（3D＋成本管理）；2016 年前，全部公共工程应用 BIM 技术。2010 年 12 月，PPS 发布了《设施管理 BIM 应用指南》，针对设计、施工图设计、施工等阶段中的 BIM 应用进行指导，并于 2012 年 4 月对其进行了更新。

（5）BIM 在日本

在日本，有"2009 年是日本的 BIM 元年"之说。大量的日本设计公司、施工企业开始应用 BIM，而日本国土交通省也在 2010 年 3 月表示，已选择一项政府建设项目作为试点，探索 BIM 在设计可视化、信息整合方面的价值及实施流程。

2010 年秋天，日经 BP 社调研了 517 位设计院、施工企业及相关建筑行业从业人士，了解他们对于 BIM 的认知度与应用情况。结果显示，BIM 的知晓度从 2007 年的 30.2％提升至 2010 年的 76.4％。2008 年的调研显示，采用 BIM 的最主要原因是 BIM 绝佳的展示效果，而 2010 年人们采用 BIM 主要用于提升工作效率。仅有 7％的业主要求施工企业应用 BIM，这也表明日本企业应用 BIM 更多是企业的自身选择与需求。日本 3％的施工企业已经应用 BIM 了，在这些企业当中近 90％是在 2009 年之前开始实施的。

日本软件业较为发达，在建筑信息技术方面也拥有较多的国产软件，日本 BIM 相关软件厂商认识到，BIM 需要多个软件来互相配合，是数据集成的基本前提。因此多家日本 BIM 软件商在 IAI 日本分会的支持下，以强井计算机株式会社为主导，成立了日本国产解决方案软件联盟。

此外，日本建筑学会于 2012 年 7 月发布了日本 BIM 指南，从 BIM 团队建设、BIM 数据处理、BIM 设计流程、应用 BIM 进行预算、模拟等方面为日本的设计院和施工企业应用 BIM 提供了指导。

2.2.2　BIM 在国内发展

国内的工程建设项目应用始于建筑设计。北京国家游泳中心应用 BIM 技术在较短时间内解决了复杂的钢结构设计问题。之后有越来越广泛的应用，2010 年上海世博会，众多项目应用了 BIM 技术并取得了成功。上海中心大厦全面应用了 BIM 技术。经过近几年的发展，目前国内大中型企业基本拥有了专门的 BIM 团队，积累了一批应用 BIM 技术的设计成果与实践经验。

（1）BIM 在香港

香港的 BIM 发展也主要靠行业自身的推动。早在 2009 年，香港便成立了"香港 BIM

学会"。2010年，"香港BIM学会"主席梁志旋表示：香港的BIM技术应用目前已经完成从概念到实用的转变，处于全面推广的最初阶段。

香港房屋署自2006年起，已率先试用建筑信息模型；为了成功地推行BIM，自行订立BIM标准、用户指南、组建资料库等设计指引和参考。这些资料有效地为模型建立、管理档案，以及用户之间的沟通创造了良好的环境。2009年11月，香港房屋署发布了BIM应用标准。香港房屋署署长冯宜首女士提出，在2014~2015年之间该项技术将覆盖香港房屋署的所有项目。

(2) BIM在台湾省

自2008年起，"BIM"这个名词在台湾省的建筑营建业开始被热烈地讨论，台湾省各界对BIM的关注度也十分高。

早在2007年，"台湾大学"与Autodesk公司签订了产学合作协议，重点研究建筑信息模型（BIM）及动态工程模型设计。2009年，"台湾大学"土木工程系成立了"工程信息仿真与管理研究中心"（Research Center for Building & Infrastructure Information Modeling and Management，BIM研究中心），建立技术研发、教育训练、产业服务与应用推广的服务平台，促进BIM相关技术与应用的经验交流、成果分享、人才培训与产官学研合作。为了调整及补充现有合同内容在应用BIM上之不足，BIM中心与"淡江大学工程法律研究发展中心"合作，并在2011年11月出版了《工程项目应用建筑信息模型之契约模板》一书，并特别提供合同范本与说明，让用户能更清楚了解各项条文的目的、考虑重点与参考依据。"高雄应用科技大学"土木系也于2011年成立了"工程资讯整合与模拟（BIM）研究中心"。此外，"交通大学""台湾科技大学"等对BIM进行了广泛的研究，极大地推动了台湾省对于BIM的认知与应用。

台湾省有几家大型工程顾问公司与工程公司，由于一直承接大型公共建设，财力雄厚、兵多将广，因此对于BIM有一定的研究并有大量的成功案例。2010年元旦，世曦工程顾问公司成立BIM整合中心，2011年9月，中兴工程顾问股份3D·BIM中心成立，此外，亚新工程顾问股份有限公司也成立了BIM管理及工程整合中心。而台湾省的小规模建筑相关单位，由于高昂的软件价格，对于BIM的软硬件投资有些踌躇不前。

台湾省的管理层级对BIM的推动有两个方向。首先，对于建筑产业界，管理层希望其自行引进BIM应用，并没有具体的辅导与奖励措施。其次，对于新建的公共建筑和公有建筑，其拥有者为行政单位，工程发包与监督都受"公共工程委员会"管辖，要求在设计阶段与施工阶段都以BIM完成。另外，台北市、新北市、台中市这三个市的建筑管理单位为了提高建筑审查的效率，正在学习新加坡的eSummision，致力于日后要求设计单位申请"建筑许可"时必须提交BIM模型，委托"公共资讯委员会"研拟编码工作，参照美国Master Format的编码，根据台湾省地区性现状制作编码内容。预计两年内会从公有建筑物开始试办。例如，台北市于2010年启动了"建造执照电脑辅助查核及应用之研究"，并先后公开举办了三场专家座谈会。第一场为"建筑资讯模型在建筑与都市设计上的运用"；第二场为"建造执照审查电子化及BIM设计应用之可行性"；第三场为"BIM永续推动及发展目标"。2011年与2012年，台北市又举行了建造执照应用BIM辅助审查研讨会，邀请各界的专家学者齐聚一堂，从不同方面就台北市的研究专案说明、推动环境与策略、应用经验分享、工程法律与产权等课题提出专题报告并进行研讨。这一公开对话，被业内喻为"2012台北BIM愿景"。

(3) BIM 在大陆

近几年，BIM 技术在建筑业异军突起，成为建筑业信息化的骨干技术。BIM 可以优化设计和施工，整合资源、提高信息交流效率，正在引发一场建筑行业的革命。欧美国家很早就已经使用了 BIM 理论，到现在美国已经有超过一半的建筑工程使用这一理论。我们这一理论引入较晚，但是国家政策却非常支持，表 2-1 介绍了近几年各地政府出台的推广 BIM 的标准等政策。

表 2-1　部分省市地区发布的 BIM 政策

发布单位	时　间	发布政策信息
住房和城乡建设部	2011.05.20	《2011～2015 年建筑业信息化发展纲要》
	2013.08.29	《关于征求推荐 BIM 技术在建筑领域应用的指导意见（征求意见稿）意见的函》
	2014.07.01	《关于推进建筑业发展和改革的若干意见》
辽宁省住房和城乡建设厅	2014.04.10	《2014 年度辽宁省工程建设地方标准编制/修订计划》
北京质量技术监督局；北京市规划委员会	2014.05	《民用建筑信息模型设计标准》
山东省人民政府办公厅	2014.07.30	《山东省人民政府办公厅关于进一步提升建筑质量的意见》
广东省住房和城乡建设厅	2014.09.16	《关于开展建筑信息模型 BIM 技术推广应用工作的通知》
陕西省住房和城乡建设厅	2014.10	《陕西省级财政助推建筑产业化》
上海市人民政府办公厅	2014.10.29	《关于在本市推进建筑信息模型技术应用的指导意见》

2.2.3　国内 BIM 应用案例

(1) 上海中心

上海中心项目主体建筑结构高度为 580m，总高度 632m，总建筑面积 57.6 万平方米（包括地上建筑面积 38 万平方米），于 2008 年 11 月开工建设，于 2013 年 8 月按计划实现主体结构封顶，预计 2014 年底竣工，2015 年投入运营。上海中心项目效果图，如图 2-5 所示。

图 2-5

BIM 技术于上海中心项目一个显著的应用优势是三维碰撞检查功能。负责施工图设计的同济大学建筑设计研究院分别建立了建筑、结构、水暖电专业三维 BIM 模型，通过三维模型承载的准确的定位信息与构件的实际尺寸，通过碰撞检查功能，实现监测出现的管线的交叉碰撞、管线与结构建筑构部件的冲突问题，发现问题，及时协调解决，不给后续工作留问题。通过三维手段解决了传统二维设计需要花费大量时间解决的问题，提高了设计效率，保证了工作的顺利进行。

(2) 中国尊

北京 CBD 核心区 Z15 地块建筑项目拥有一个非常响亮的名字——中国尊，因设计外形取自于中国礼器"樽"而得名。中国尊建筑高 528m，地上 108 层，地下 7 层，总建筑面积约为 42.7 万平方米，建成后将成为北京最高建筑，效果图如图 2-6 所示。

中国尊项目的一大亮点是其设计阶段的参加单位数量庞大，如此庞大体量的建筑，其复杂性不是一般的项目可以与之比较的。仅仅依靠一家或几家设计单位是需要相当长的设计周期才可以完成的。鉴于参与设计阶段的单位数量较多，包括 5 家设计单位组成的联合体、11 家项目顾问以及 23 家专业顾问，如此多的单位参与项目的设计工作，项目协同工作的效率将直接影响到项目的最终成果。所以该项目的业主方中信和业在项目的设计阶段就与 Bentley 公司合作，利用其提供的 Project

图 2-6

Wise 协同管理平台，为中国尊制定了一系列的 BIM 实施导则，对不同的项目参与方提出了明确的要求。通过 BIM 技术来实现高度项目协同和高效数据共享的目标，更好地为建筑设计服务。

2.3 BIM 在结构上的应用

2.3.1 传统设计方法的问题

当前的主流设计方法是运用二维 CAD 技术的设计方法，建筑结构师多是在二维层面用多个二维视图表达三维的建筑结构视图。这一点 CAD 技术已经相当成熟，可以节省不少人力物力财力。目前大多数设计院都是采用 PKPM 和 CAD 来共同完成结构设计。CAD 不是很智能，点线面没有所依附的属性，要对图纸做更改时，工作量就非常巨大。

传统设计的主要产品是二维工程图纸，其协作方式是采用二维协同化设计，或各专业间以定期、节点性地相互提取资料的方式进行配合。在整个二维设计中，会出现大量的设计资料共享不够全面、设计数据的利用率低、参与设计的各专业交流障碍等棘手问题。BIM 技术的提出，将从本质上解决这一系列难以克服的障碍。

随着 BIM 技术的日趋成熟，建筑设计的整个过程将离不开 BIM 设计方法。当下设计、咨询单位大部分是先采用二维设计，绘制施工图后，根据二维图纸创建 BIM 三维模型。

PKPM 是国内结构工程师最早将平法与结构信息模型联系在一起的软件，PKPM 是国内在建筑行业结构设计方面应用得比较成熟的软件，它能够实现结构建模分析和结构平法施工图出图等一系列功能，但 PKPM 是一个封闭的软件，无法实现双向链接，不能充分满足用户的需求。PKPM 在国内的应用主要是进行截面设计以及结构分析，而没有专业间的协调共组及数据共享，数据是不开放的。PKPM 构件定义是参数化的，但是参数定义比较固定，不能完全按用户的需求操作，比较复杂的构件无法在 PKPM 中设计出来，外人也无法修改相应参数。

目前，建筑结构设计工作者主要是通过有限元结构分析软件（如 PKPM）做建筑结构的设计和受力变形分析。然后将计算结果导入到二维软件（如 CAD）中进行结构施工图的绘制。BIM 技术可以简化设计人员对设计的修改，BIM 数据库自动协调设计者对项目的更改（如平、立、剖视图，只修改一处，其他处视图可自动更新）。BIM 技术的这种协调性避免了专业不协调带来的问题，使工作的流程更加畅通、效率更高，使建筑项目这个大的团队更加协调、方便明了，使工作更加快捷、省时省力。

传统的设计方法，在实践过程中的弊端越来越多。突出表现在以下几个方面。

① 随着建筑立面形式越来越复杂，结构工程师在布置结构时需要想象的空间越来越复杂。由于设计阶段中其他各专业对建筑师的二维图纸理解程度不同，因此往往会出现构建和设备的布置不当而影响建筑的使用功能和艺术效果。

② 随着经济技术的增长，集大型综合办公、商业、酒店和住宅于一体的综合体项目越来越多，而商业综合体项目中几乎涵盖了建筑设计中建筑、结构、给排水、暖通、电气等所有工程设计中的相关专业。因此各个专业之间的配合和协同设计问题也是管理者和工程师迫切需要解决的问题。

③ 传统的设计变更过程中，常出现因设计方案的变更，建筑下游专业会随之产生的大量结构修改，使得结构工程师不得不浪费大量的时间和精力在施工图的修改和变更中，而弱化了对结构抗震性能分析和设计的精确计算。

④ BIM 技术在建筑、水电、暖通专业中都已经有不同深度的应用，而结构设计作为建筑设计阶段主要组成之一，对 BIM 的应用几乎为零。结构设计专业成为了 BIM 设计平台信息链中的孤岛。加强 BIM 技术在结构设计中的应用，是作为结构工程师亟须解决的问题之一。

⑤ 目前设计软件市场上结构分析软件众多，不乏与 BIM 平台兼容的结构分析软件。但其中与 BIM 平台可以进行数据交换的有限元软件多为国外结构分析软件。国内结构分析软件与 BIM 核心建模软件进行数据交换深度也各不相同，如何选择计算合理且与 BIM 平台数据交换流畅的 BIM 结构分析软件也是当前 BIM 落实到结构设计阶段的主要工作之一。

2.3.2　基于 BIM 技术的设计方法

BIM 技术是完全数据化的，在理论上讲，实现 BIM 结构模型与有限元结构分析模型以及结构施工图文件的衔接是可行的。

而 BIM 技术在结构设计方面的方法是：首先设计师在 BIM 软件中建实体模型，之后将实体模型导入相应的结构分析软件，进行结构分析计算，再从分析软件中导出分析设计信息，进行动态的更新物理模型和施工图设计。

针对结构专业，BIM 软件分为以下三大类。

(1) 结构建模软件

以结构建模为主的核心建模软件，主要用来在建筑模型的轮廓下灵活布置结构受力构件，初步形成建筑主体结构模型。对于民用住宅和商业建筑常用 Revit Structure 软件，大型工业建筑常用 Bentley Structure 软件。

（2）结构分析软件

基于 BIM 平台中信息共享的特点，BIM 平台中结构分析软件必须能够承接 BIM 核心建模软件中的结构信息模型。根据结构分析软件计算结果调整后的结构模型也可以顺利反馈到核心建模软件中进行更新。目前与 BIM 核心建模软件能够实现结构几何模型、荷载模型和边界约束条件双向互导的软件很少。能够实现信息几何模型、荷载模型和边界约束条件最大程度互导的软件也是基于同系列软件之间的，如本书所介绍的 Autodesk Revit Structure 和 Autodesk Robot Structural Analysis。

（3）深化设计软件

深化设计软件主要是针对钢结构节点和空间复杂结构部位进行深化设计。面向加工、安装生成详细的施工图、材料表、机床加工代码等。

Robot 与 Revit 的模型几乎完成了无缝连接，导入 Robot 后的分析模型不会丢失任何结构属性，包括荷载属性和边界条件。

相对于其他专业，结构专业有其特殊性，使得结构专业在应用 BIM 技术进行设计时的技术线路与其他专业有很大的区别。结构专业的特殊性在于：

① 结构专业本身需要建立计算模型，如果还需要再建一个结构 BIM 模型，无疑增加了设计人员的工作量。因此尽可能通过软件转换接口将计算模型导出到 BIM 软件。

② 结构普遍采用"平面表示法"（平法）进行施工图表达，这种方法以信息归纳为出发点，大幅减少了设计人员在标注方面的工作量，但该表达方法为我国所独有，国外软件无法直接满足表达需求，需经过本地化处理。

③ 结构专业里的钢筋是重要元素，但目前主流的 BIM 软件难以完整地表达钢筋实体。

在结构 BIM 应用方面，目前国内被广泛应用并能与 Revit 进行数据交换的结构分析软件主要有：PKPM（通过探索者 BIM 软件包或其他软件中转）、广厦和盈建科，且基本仅局限于几何模型的数据交换，距离结构设计的全过程应用还有一定的距离。目前 BIM 技术在我国结构设计方面的应用尚未得到推广，主要原因便是结构物理模型与结构分析模型之间无法做到完美对接。

本书面向毕业设计，不做工程实践 BIM 应用的讨论。采用同为 Autodesk 公司产品的 Revit 和 Robot Structural Analysis 进行结构建模与分析。而 Robot 与 Revit 的模型几乎完成了无缝连接，导入 Robot 后的分析模型不会丢失任何结构属性，包括荷载属性和边界条件。

2.3.3 结构分析的实现

在 BIM 的核心建模软件中，目前得到广泛使用的是来自 Autodesk 公司的 Revit 系列软件，但是结构工程领域 Revit 只是作为一个结构内容的承载、管理平台，它并不能进行专业化的结构分析计算，需要借助第三方结构软件如 PKPM、盈建科、广厦、ETABS、SAP2000 等来进行力学分析计算。但是这些第三方软件在与 Revit 的数据交换过程中会出现信息丢失、失准等问题，导致不能很好地完成工程设计。为了推动以 Revit 为基础的结构分析，2008 年 Autodesk 公司收购法国 Robotbat 结构分析软件，进而整合开发 Autodesk Robot Structural Analysis 作为 Autodesk 公司 BIM 系列的专业结构分析设计软件。

Robot Structural Analysis 较第三方计算软件的优势在于，与 Revit 的交互中双方之间的数据流通的便捷性和完整性。首先，在 Revit 到 Robot Structural Analysis 的过程中，可以很好地完成模型的转化。对应绝大部分的构件都能转化到 Robot Structural Analysis 中。其次，在结构计算软件中完成计算的模型需要同步到 Revit 中。对于 Robot Structural Analysis，完成计算后，只需执行一次计算模型到 Revit 模型的同步即可。另外，由于 Revit 和 Robot Structural Analysis 都是 Autodesk 公司旗下结构工程领域重要的 BIM 软件，每一次 Revit 的产品更新 Robot Structural Analysis 都可以有针对性地进行改进、升级。这对于其他第三方结构计算软件来说是难以实现的。

虽然 Robot Structural Analysis 较其他第三方软件有巨大优势，但是它也有一个严重的缺陷：目前 Robot Structural Analysis 所包含的中国规范有限（GB 50010—2010《混凝土结构设计规范》、GB 50009—2012《建筑结构荷载规范》、GB 50017—2003《钢结构设计规范》、GB 50011—2010《建筑抗震设计规范》），不能完全契合我国的规范进行结构分析。因此在国内结构设计中实现结构分析计算是有条件的。

本书在使用 Robot Structural Analysis 完成计算的同时，将 Robot Structural Analysis 的计算结果与国内主流的计算软件 PKPM 的计算结果作了对比，分析了其应用现状与前景，对采用 Revit 和 Robot Structural Analysis 结构设计方法作了初步探讨。

第 3 章

工程概况及前期计算

3.1 设计基本资料

① 工程名称：大连市某六层办公楼。

② 工程概况：该工程占地面积约为 $750m^2$，建筑面积约为 $4500m^2$，建筑物主体为六层，室内外高差 $0.3m$。

③ 风荷载：大连市基本风压为 $0.65kN/m^2$，场地粗糙程度为 C 类。

④ 雪荷载：标准值为 $0.4kN/m^2$，雪荷载准永久值系数分区为 Ⅱ。

⑤ 地震作用：抗震设防烈度为 7 度（$0.1g$），Ⅱ类场地，设计地震分组为第一组。

⑥ 地质条件：地表 $1.1m$ 以内为杂填土，$1.1m$ 以下为亚黏土，地基承载力 $f_k=220kPa$。

⑦ 工程设计使用年限：50 年。

⑧ 材料选用：均采用 HRB400 钢筋；均采用 C30 混凝土。

3.2 建筑方案设计

建筑设计是指在总体规划的前提下，根据建筑任务书要求和工程技术条件进行房屋的空间组合设计和构造设计，并以建筑设计图的形式表示出来。建筑设计是整个设计工作的先行工作，常处于主导地位。其中，空间组合设计包括总体设计、建筑平面设计、剖面设计、立面设计。构造设计即为建筑各组成的细部设计。

3.2.1 办公建筑设计的一般要求

办公建筑设计应依据使用要求分类，并应符合表 3-1 的规定。

表 3-1 办公建筑分类

类别	示例	设计使用年限	耐火等级
一类	特别重要的办公建筑	100 年或 50 年	一级
二类	重要办公建筑	50 年	不低于二级
三类	普通办公建筑	25 年或 50 年	不低于二级

办公建筑应根据使用要求，结合基地面积、结构选型等情况确定开间和进深，并利于灵活分隔。

办公建筑的设计应符合防火规范规定，六层及六层以上办公楼应设电梯。建筑高度超过 75m 的办公楼电梯应分区或分层使用，主要楼梯及电梯应设于入口附近，位置要明显。在实际工程中，六层以下的办公建筑也可设电梯，并成组布置。

门厅一般可设传达室、收发室、会客室，根据使用需要也可设门廊、警卫室等。门厅应与楼梯、过厅、电梯厅邻近。

走道最小净宽不应小于表 3-2 的规定。当走道地面有高差且高差不足二级踏步时，其坡度不宜大于 1/8。

办公室门洞口宽度不应小于 1m，高度不应小于 2m。机要办公室、财务办公室、重要档案室和贵重仪表件的门应该采取防盗措施，室内设防盗警报装置。主要房间的自然采光应满足使用要求，窗地比要符合表 3-3 的规定。

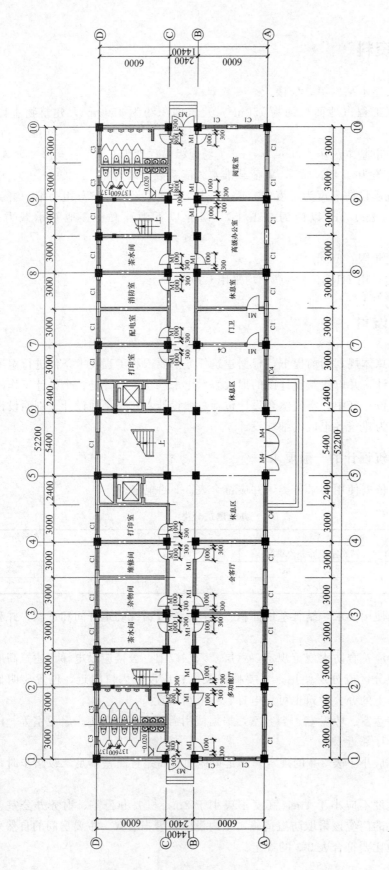

图 3-1

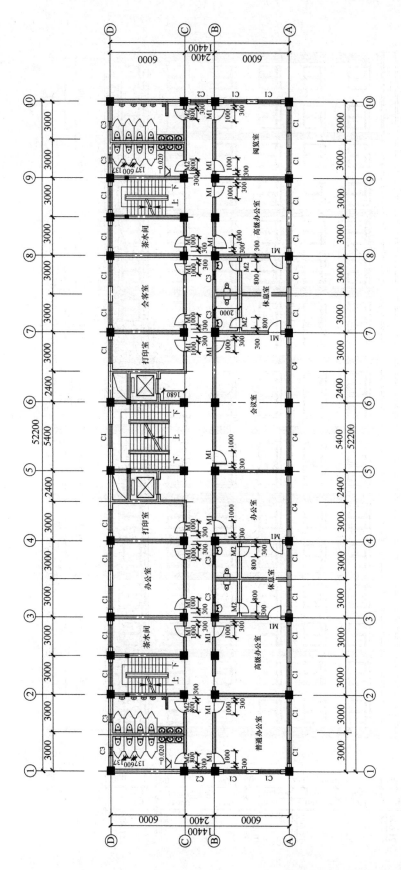

图 3-2

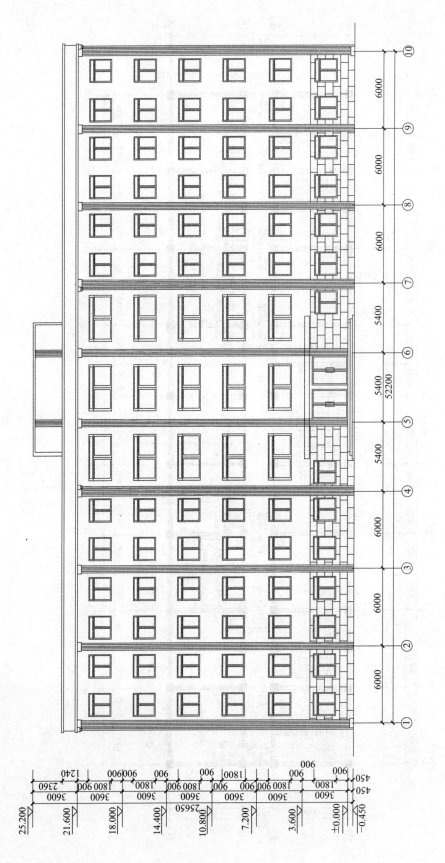

图 3-3

表 3-2　走道最小净宽

走道长度/m	走道净宽/m	
	单面布房	双面布房
≤40	1.30	1.50
>40	1.50	1.80

表 3-3　采光系数

窗地比	房 间 名 称
≥1:6	办公室、研究工作室、打字室、复印室、陈列室等
≥1:5	设计绘图室、阅览室等
≥1:8	会议室

　　电梯井道及产生噪声的设备机房，不宜与办公用房、会议室贴邻，否则应采取消声、隔声、减震等措施。

　　根据办公建筑分类，办公室的净高应满足：一类办公建筑不应低于 2.70m；二类办公建筑不应低于 2.60m；三类办公建筑不应低于 2.50m。走道净高不得低于 2.20m。

　　办公室常见的开间尺寸为 3000mm、3300mm、3600mm、6000mm、6600mm、7200mm；进深尺寸为 4800mm、5400mm、6000mm、6600mm；层高为 3000mm、3300mm、3600mm 等。

　　公共用房一般包括会议室、接待室、陈列室、卫生间、开水间等。

　　会议室根据大小可分为大、中、小会议室，中、小会议室可分散布置，小会议室的开间进深一般与办公室相同，使用面积宜为 $30m^2$ 左右；中会议室使用面积宜为 $60m^2$ 左右。

　　厕所距离最远的工作房间不应大于 50m，尽可能布置在建筑的次要面，或朝向较差的面。厕所应设前室，前室内宜设置洗手盆，厕所应有天然采光和不向临室对流的自然通风。条件不容许时，应设机械排风装置。

3.2.2　部分建筑图纸

　　一层平面图、标准层平面图、立面图分别见图 3-1～图 3-3。

3.3　结构方案设计

3.3.1　结构设计的原则

　　结构的基本功能由其用途决定，具体如下所述。

　　① 安全性。结构能承受在正常施工和正常使用时可能出现的各种作用（包括荷载及外加变形或约束变形）；当发生火灾时，在规定的时间内可保持足够的承载力；当发生爆炸、撞击、人为错误等偶然事件时，结构能保持必需的整体稳固性，不出现与起因不相称的破坏后果，防止出现结构的连续倒塌。对重要的结构，应采取必要的措施，防止出现结构的连续性倒塌；对一般的结构，宜采取适当的措施，防止出现结构的连续倒塌。

　　② 适用性。结构在正常使用状态时具有良好的工作性能，如不发生过大的变形和过宽的裂缝等。

　　③ 耐久性。结构在正常维护下具有足够的耐久性能，如结构材料的风化、腐蚀和老化不超过一定的限度等。

安全性、适用性、耐久性总称结构的可靠性，也就是结构在规定的时间内（设计基准期为 50 年），在规定的条件下（正常设计、正常施工和正常使用），完成预定功能的能力。而结构可靠度则是结构可靠性的概率度量。结构设计中，增大结构的安全余量，如加大截面尺寸及配筋或提高对材料性能的要求，总是能满足预定功能要求的，但会使工程造价提高，导致结构设计经济效益降低。因此，科学的设计方法应在结构的可靠与经济之间选择一种最佳的平衡，以比较经济合理的方法，使所设计的结构具有适当的可靠度。

3.3.2 结构设计准备

(1) 熟悉毕业设计任务书

熟悉设计任务书是进行设计的一个前提，在结构设计之前我们应仔细阅读设计任务书，明确其对结构的要求以达到建筑要表达的效果。

(2) 明确建筑设计和结构设计之间的关系

长期以来，建筑学都是艺术与技术的统一体，并且以"坚固、适用和美观"作为其指导原则。建筑结构作为建筑物的基本受力骨架形成人类活动的空间，以满足人类生产、生活需求及对建筑物的美观要求。因此必须充分考虑各种影响因素并进行科学分析才有可能得到合理可行的结构选型结果。所以建筑方案设计和结构选型的构思是一项带有高度综合性和创造性的、复杂而细致的工作。

建筑设计主要解决以下问题。

① 场地、环境、建筑体型。

② 与人的活动有关的空间流线组织。

③ 建筑技术问题。

④ 建筑艺术与室内布置。

结构设计主要解决以下问题。

① 结构形式。

② 结构材料。

③ 结构的安全性、适用性和耐久性。

④ 结构的连接构造和施工方法。

建筑设计是结构设计的前提，同时结构又是建筑物赖以生存的物质基础。建筑师在建筑设计过程中充分考虑如何更好地满足结构最基本的功能要求，主动考虑并建议最适宜的结构体系，通过协调两者的关系，力争将合理的结构形式与建筑使用和美观需要统一起来。

3.3.3 结构选型与布置

结构体系的类型很多，根据不同的依据其分类方式也不尽相同。各种结构类型都有各自的优缺点及应用范围，在进行结构选型时，应根据建筑建设的实际情况因地制宜选择合适的结构体系。一般而言，建筑物的功能要求、建筑结构材料对结构形式的影响、施工技术对建筑结构选型的影响、结构设计理论和计算手段的发展对结构选型的影响和经济因素对于结构选型的制约等构成了影响结构选型的主要因素。对于毕业生，在缺乏实际经验的情况下，应该多收集资料、调查研究、综合分析，对比整理后再作出最终的结构选型。

(1) 合理选用结构材料

结构的合理性首先表现在组成这个结构的材料，其强度能不能充分发挥作用。随着工程力学和建筑材料的发展，结构形式也不断发展。人们总是想用最少的材料，获得最大的效果。因此，我们在确定结构形式时应当遵循两点原则：一是选择能充分发挥材料性能的结构形式；二是合理地选用结构材料。一般来说，结构形式按建筑材料可分为以下几类。

① 砌体结构体系　砌体结构是由块体和砂浆砌筑而成的墙、柱作为建筑物主要受力构件的结构，是砖砌体、砌块砌体和石砌体结构的统称。砌体材料由于取材容易、造价较低、施工方便而广泛地应用于我国的多层建筑当中。但由于砌体是一种脆性材料，其抗压强度较高而抗剪、抗拉、抗弯强度均较低，因此砌体结构构件主要承受轴向压力和小偏心压力，而不利于受拉或受弯。一般民用建筑和工业建筑的墙柱和基础都可以采用砌体结构构件。一般8层以下的建筑可以采用砌体结构。

② 钢筋混凝土结构体系　当前，我国的各类建筑中钢筋混凝土结构占主导地位。由于钢筋混凝土结构具有造价较低、取材丰富、强度高、刚度大、耐火性和延性良好、结构布置灵活方便、可组成多种结构体系等优点，因此得到广泛应用。但钢筋混凝土结构的主要缺点是构件占据面积大、自重大、施工速度慢等。为克服这些缺点，近年来不断发展的新型混凝土材料包括高强混凝土、预应力混凝土、轻骨料混凝土、钢纤维混凝土等，都有很好的应用前景。

③ 钢结构体系　钢结构常用于大跨重型、轻型工业厂房，大型及超高公共建筑，特种高耸结构等各种建筑物及其他土木工程结构中。钢结构建筑物与普通钢筋混凝土建筑物相比，上部荷载轻、构件强度高、延性好、抗震性能强。但是由于钢结构用钢量大、造价高，而且钢材耐火性能不好，需要采取防火保护措施，增加了造价，从而使钢结构的应用受到了限制。但是从长远来看，钢结构具有广阔的发展前景。

④ 钢-混凝土组合结构体系　钢-混凝土组合结构是在钢结构和钢筋混凝土结构基础上发展起来的一种新型结构，它扬长避短，充分利用了钢结构和混凝土结构的各自优点。钢-混凝土组合构件由钢构件和钢筋混凝土构件组合而成，如组合梁、组合楼板、组合桁架、组合柱等组合承重构件，以及组合斜撑、组合剪力墙等组合抗侧力构件。含有钢-混凝土组合构件的结构，称之为钢-混凝土组合结构。当竖向承重构件和横向承重构件都为钢-混凝土组合构件时，可以称之为全钢-混凝土组合结构。钢-混凝土组合构件主要有钢-混凝土组合梁和钢-混凝土组合柱。钢-混凝土组合梁是由钢梁和混凝土板通过抗剪连接件连成整体而共同受力的横向承重构件。钢-混凝土组合柱包括钢管混凝土柱和钢骨混凝土柱。钢管混凝土柱由钢管和内填混凝土所构成，而钢骨混凝土则是把钢柱埋在钢筋混凝土中，钢骨混凝土柱也可以称为型钢混凝土柱或劲性混凝土柱。

(2) 合理选用结构体系

结构体系通常包括砌体结构体系、框架结构体系、剪力墙结构体系、框架-剪力墙结构体系（框架-筒体结构）、筒中筒结构体系、多筒体系、钢结构体系以及其他结构体系。

① 砌体结构体系　砌体结构是指墙体、基础等竖向承重构件采用砖砌体结构，楼盖、屋盖等水平承重构件采用装配式或现浇钢筋混凝土结构。其中，砖墙既是承重结构，又是围护结构。

砌体结构的优点：

a. 砌体结构所用的材料便于就地取材，施工较简单，施工进度快，技术要求低。

b. 砖、石或砌块砌体具有良好的耐火性和较好的耐久性。

c. 砌体砌筑时不需要模板和特殊的施工设备，可以节省木材。新砌筑的砌体即可承受一定荷载，因而可以连续施工。在寒冷地区，冬季可用冻结法砌筑，不需要特殊的保温措施。

d. 砖墙和砌块墙体能够隔热和保温，节能效果明显。所以其既是较好的承重结构，也是较好的围护结构。

e. 当采用砌块或大型板材作墙体时，可以减轻结构自重、加快施工进度、进行工业化生产和施工。

砌体结构的缺点：

a. 与钢和混凝土相比，砌体的强度较低，因而构件的截面尺寸较大、材料用量多、自重大。

b. 砌体的砌筑基本上是手工方式，施工劳动量大。

c. 砌体的抗拉、抗剪强度都很低，因而抗震较差，在使用上受到一定限制；砖、石的抗压强度也不能充分发挥；抗弯能力低。

d. 黏土砖需用黏土制造，在某些地区过多占用农田，影响农业生产。

砌体结构的适用范围：鉴于砌体结构的上述优缺点，通常该结构适用于六层及以下的住宅、宿舍、办公室、学校、医院等民用建筑以及中小型工业建筑。

② 框架结构体系　框架结构是指由梁和柱以刚接或者铰接相连接构成承重体系的结构，即由梁和柱组成框架共同抵抗使用过程中出现的水平荷载和竖向荷载。框架结构的房屋墙体不承重，仅起到围护和分隔作用。

框架结构具有以下优点。

a. 自重轻：砖混结构自重为 $1500kg/m^2$；框架结构如采用轻板（加气混凝土隔墙、轻钢龙骨隔墙等）的自重为 $400\sim600kg/m^2$，仅为砖混结构的 $1/3$。

b. 房间布置灵活：框架结构的承重结构为框架本身，墙板只起围护和分隔作用，因而布置比较灵活。

c. 增加了有效面积：框架结构墙体较砖混结构薄，相对地增加了房屋的使用面积。

d. 采用现浇混凝土框架时，不仅结构的整体性、刚度较好，而且可以把梁或柱浇筑成各种需要的截面形状。

框架结构的缺点：

a. 框架结构抗侧刚度小，属柔性结构，在强烈地震作用下，结构所产生水平位移较大，易造成严重的非结构性破坏。

b. 钢材和水泥用量较大，构件的总数量多，吊装次数多，接头工作量大，工序多，浪费人力，施工受季节、环境影响较大。

框架结构的适用范围：框架结构体系通常适用于多层建筑和建筑高度不高的高层建筑。混凝土框架结构广泛应用于住宅、学校、办公楼，也有根据需要对混凝土梁或板施加预应力，以适用于较大的跨度。钢框架结构常用于大跨度的公共建筑、多层工业建筑、多层工业厂房和一些特殊用途的建筑物中，如剧场、商场、体育馆、火车站、展览厅、造船厂、飞机库、停车场、轻工业车间等。

③ 剪力墙结构体系　利用建筑物的墙体作为竖向承重和抵抗侧力的结构，称为剪力墙结构体系。墙体同时也作为围护及房间分隔构件。剪力墙结构中，由钢筋混凝土墙体承受全部水平和竖向荷载，剪力墙沿建筑横向、纵向正交布置或沿多轴线斜交布置。

剪力墙结构的优点：

a. 剪力墙结构体系集承重、抗风、抗震、围护与分隔为一体，经济合理地利用了结构材料。

　　b. 结构整体性强，抗侧刚度大，侧向变形小，在承载力方面的要求易于得到满足，适于建造较高的建筑。

　　c. 抗震性能好，具有承受强烈地震作用而不倒的良好性能；用钢量较省；与框架结构体系相比，施工相对简便与快速。

　　d. 在住宅和旅馆客房中采用剪力墙结构可以较好地适应墙体较多、房间面积不大的特点，而且可以使房间内不凸出梁柱，整齐美观。

　　剪力墙结构的缺点：

　　a. 剪力墙的间距不能太大，平面布置不灵活，不能满足公共建筑的使用要求。

　　b. 采用钢筋混凝土墙板，结构自重大。

　　剪力墙结构的适用范围：剪力墙结构通常应用于 10 层以上的高层或超高层建筑，适用于小开间的公寓住宅、旅馆等建筑。为了适应下部设置大空间公共设施的高层住宅、公寓和旅馆建筑的需要，可以使用框支剪力墙结构体系，但框支剪力墙不宜在地震区单独使用，需要时可采取框支剪力墙与落地剪力墙协同工作结构体系。

　　研究表明，10 层左右的建筑用剪力墙方案不如框架结构经济，而 15 层以上的高层建筑采用剪力墙方案一般比框架方案经济，层数越多，经济效果越显著。剪力墙结构多用于 40 层以下的建筑。

　　④ 框架-剪力墙结构体系　框架-剪力墙结构体系（简称框剪结构），是在框架体系的基础上增设一定数量的横向和纵向剪力墙所构成的双重受力体系。一般而言，框架结构布置灵活，容易满足不同建筑功能的要求，结构延性也比较好，但抗侧刚度比较小，抵抗水平荷载的能力较低。而剪力墙结构抗侧刚度较大，抗侧承载力高，但由于承重墙体间距较密，建筑布置不够灵活。框架-剪力墙结构体系将框架体系和剪力墙体系结合起来，既可使建筑平面灵活布置，得到自由的使用空间，又可以使整个结构抗侧刚度适当，具有良好的抗震性能，因而这种结构体系已在高层建筑中得到广泛应用。

3.4　结构方案的确定

3.4.1　结构方案

① 结构体系：采用现浇钢筋混凝土框架结构。

② 屋面结构：采用现浇混凝土肋型屋盖，刚柔性结合的屋面，屋面板厚 100mm。

③ 楼面结构：采用现浇混凝土肋型楼盖，板厚 100mm。

④ 楼梯：采用现浇钢筋混凝土梁式楼梯。

⑤ 基础：采用柱下独立基础。

3.4.2　结构部分施工方法

① 屋面从上到下做法

找平层：15mm 厚水泥砂浆；

防水层（刚性）：40mm C20 细石混凝土；

防水层（柔性）：三毡四油铺小石子；

找平层：15mm厚水泥砂浆；

找坡层：40mm厚水泥石灰焦碴砂浆找坡；

保温层：80mm厚矿渣水泥；

结构层：100mm厚现浇钢筋混凝土板；

抹灰层：20mm厚混合砂浆。

② 楼面从上至下做法

找平层：楼板上20mm厚水泥砂浆找平层；

结构层：100mm厚现浇钢筋混凝土板；

抹灰层：楼板下20mm厚混合砂浆抹灰。

③ 外墙由内至外做法　20mm厚石灰粗砂粉刷层；300mm厚加气混凝土砌块；GRC增强水泥聚苯复合保温板；瓷砖墙面。

④ 内墙做法　200mm厚加气混凝土砌块，双面石灰粗砂粉刷20mm。

3.5 梁柱截面尺寸设计

3.5.1 柱截面尺寸初估

柱截面尺寸可根据轴压比限值确定。建筑物高度为25.2m，按照《建筑抗震设计规范》6.1.2条规定，该框架结构抗震等级为二级；按照混凝土结构设计规范11.4.16条规定，得轴压比限值 $[\mu_N]$ 为0.75。单位面积上的重力荷载代表值近似取12kN/m²，混凝土强度等级取 C30（$f_c = 14.3$N/m²）。

（1）估算柱轴力设计值 N

框架柱轴力设计值 N 可由竖向荷载作用下的轴力设计值并考虑地震作用的影响由下式求得

$$N = (1.1 \sim 1.2)N_v$$

本工程为二级抗震等级的框架，故取

$$N = 1.1N_v$$

边柱的轴力设计值为

$$N = 1.1N_v = 1.1 \times 1.25 \times 12 \times 6 \times \frac{6+6}{2} \times \frac{6}{2} = 1782 \ (\text{kN})$$

中柱的轴力设计值为

$$N = 1.1N_v = 1.1 \times 1.25 \times 12 \times 6 \times \frac{6+6}{2} \times \frac{6+2.4}{2} = 2494.8 \ (\text{kN})$$

（2）估算柱截面面积

$$A_c = \frac{N}{\mu_N f_c} = \frac{2494.8 \times 10^3}{0.75 \times 14.3} = 232615 \ (\text{mm}^2)$$

根据上述计算的结果，并综合考虑其他因素，选取柱截面为正方形，初步估计柱的截面尺寸为500mm×500mm＝250000mm²＞232615mm²，为了方便计算，取边柱和中柱的尺寸相同。

故初选柱的截面尺寸为 500mm×500mm。

3.5.2 梁、板截面尺寸初估

① 主梁：$L=6000$mm

$$h=\left(\frac{1}{8}\sim\frac{1}{12}\right)L=750\sim500\text{mm}，取 600\text{mm}$$

$$b=\left(\frac{1}{2}\sim\frac{1}{3}\right)h=300\sim200\text{mm}，取 300\text{mm}$$

故主梁的截面尺寸为 $b×h=300$mm×600mm。

② 次梁：$L=6000$mm

$$h=\left(\frac{1}{12}\sim\frac{1}{18}\right)L=500\sim333\text{mm}，取 500\text{mm}$$

$$b=\left(\frac{1}{2}\sim\frac{1}{3}\right)h=250\sim133\text{mm}，取 250\text{mm}$$

故次梁的截面尺寸为 $b×h=250$mm×500mm。

为保证刚度连续，方便施工，BC 跨梁截面尺寸也取为 300mm×600mm。

板厚取为 100mm。截面尺寸见表 3-4。

表 3-4　梁板截面尺寸

横梁 $b×h$/(m×m)	横向次梁 $b×h$/(m×m)	纵梁 $b×h$/(m×m)	纵向次梁 $b×h$/(m×m)	板厚/mm	混凝土强度
300×600	250×500	300×600	250×500	100	C30

基于 PKPM 的结构设计方法与基于 BIM 的结构设计方法，在建模阶段采用的尺寸均采用 3.6 节给出的结果。

在使用结构分析软件进行计算之前，都需要手动计算出荷载，预估截面尺寸。这一点，结构计算软件都相同。

3.6　荷载统计

3.6.1　恒荷载标准值计算

(1) 屋面

找平层：15mm 厚水泥砂浆	$0.015×20=0.30$（kN/m²）
防水层（刚性）：40mmC20 细石混凝土	1.0kN/m²
防水层（柔性）：三毡四油铺小石子	0.4kN/m²
找平层：15mm 厚水泥砂浆	$0.015×20=0.30$（kN/m²）
找坡层：40mm 厚水泥石灰焦渣砂浆找坡	$0.04×14=0.56$（kN/m²）
保温层：80mm 厚矿渣水泥	$0.08×14.5=1.16$（kN/m²）
结构层：100mm 厚现浇钢筋混凝土板	$0.10×25=2.5$（kN/m²）

抹灰层：10mm 厚混合砂浆 $0.01×17＝0.17$（kN/m²）

                                                合计：6.39kN/m²

除去楼板自重，恒荷载为 3.89kN/m²，取为 4kN/m²。

(2) 楼面

结构层：100mm 厚现浇钢筋混凝土板 $0.10×25＝2.5$（kN/m²）

面层：20mm 花岗岩面层，水泥浆抹缝 $0.02×28≈0.6$（kN/m²）

30mm 1：3 干硬水泥砂浆 $0.03×20＝0.6$（kN/m²）

抹灰层：楼板底 20mm 厚混合砂浆抹灰 $0.02×17＝0.34$（kN/m²）

                                                合计：4.04kN/m²

除去楼板自重，恒荷载为 1.54kN/m²，取为 2kN/m²。

(3) 墙体自重

内隔墙：为 200mm 厚陶粒混凝土砌块（砌块容重 8kN/m³，两侧各抹 20mm 厚混合砂浆）

$$8×0.2+17×0.02×2＝2.28（kN/m²）$$

电梯间周围墙体：200mm 厚实心砖墙（砌块容重 18kN/m³，在一侧抹 20mm 厚混合砂浆）

$$18×0.2+17×0.02＝3.74（kN/m²）$$

外墙：为 300mm 厚陶粒混凝土砌块（墙外侧贴墙面砖，内侧抹 20mm 厚混合砂浆）

$$0.5+8×0.3+17×0.02＝3.24（kN/m²）$$

地基梁层内墙梁间荷载：

$$2.28×(4.2-0.6)＝8.21（kN/m）$$
$$2.28×(4.2-0.5)＝8.44（kN/m）$$

中间层内墙梁间荷载：

$$2.28×(3.6-0.6)＝6.84（kN/m）$$
$$2.28×(3.6-0.5)＝7.07（kN/m）$$

地基梁层外墙梁间荷载：

$$3.24×(4.2-0.6)＝11.66（kN/m）$$

中间层外墙梁间荷载：

$$3.24×(3.6-0.6)＝9.72（kN/m）$$

女儿墙自重与外墙相同：   3.24kN/m²

3.6.2 活荷载标准值计算

① 屋面和楼面活荷载标准值：

不上人屋面   0.5kN/m²

楼面：走廊   2.5kN/m²

其他   2.0kN/m²

② 雪荷载标准值：   0.45kN/m²

屋面活荷载与雪荷载不同时考虑，取两者中的较大值。本建筑屋面为不上人屋面，故取屋面活荷载值为 0.5kN/m²。

电梯设备间活荷载取为 7kN/m²。

恒活荷载值统计如表 3-5 所示。

表 3-5　软件采用荷载值

荷载				恒　载	活载
屋面荷载				4.0kN/m²（除去板自重）	2.0kN/m²
楼面荷载				2.0kN/m²（除去板自重）	2.0kN/m²
走廊荷载				2.0kN/m²（除去板自重）	2.5kN/m²
楼梯间				8.0kN/m²	3.5kN/m²
梁间荷载	外墙	地基梁层	主梁	11.66kN/m	—
		中间层	主梁	9.72kN/m	
	内墙	地基梁层	主梁	8.21kN/m	—
			次梁	8.44kN/m	
			电梯间　主梁	13.46kN/m	
			电梯间　次梁	13.84kN/m	
		中间层	主梁	6.84kN/m	
			次梁	7.07kN/m	
			电梯间　主梁	11.22kN/m	
			电梯间　次梁	11.59kN/m	
	女儿墙			2.92kN/m	—

第 4 章

基于Revit Structure软件的
三维结构建模

4.1 Revit Structure 软件简介及基本概念

4.1.1 Revit Structure 简介

Revit Structure 软件是专为结构工程公司定制的建筑信息模型（BIM）解决方案，拥有用于结构设计与分析的强大工具。Revit Structure 将多材质的物理模型与独立、可编辑的分析模型进行了集成，可实现高效的结构分析，并为常用的结构分析软件提供了双向链接。它可帮助用户在施工前对建筑结构进行更精确的可视化，从而在设计阶段早期制定更加明智的决策。Revit Structure 为用户提供了 BIM 所拥有的优势，可帮助用户提高编制结构设计文档的多专业协调能力，最大限度地减少错误，并能够加强工程团队与建筑团队之间的合作。

Revit Structure 是一款方便结构工程师进行结构分析和设计的强大工具，它将多材质的物理模型与独立、可编辑的分析模型进行了很好的对接。Revit Structure 的最大优势在于能够协调建设工程中各专业的工作，将所有的模型信息储存在一个协同数据库中，实现"一处修改，处处更新"的效果，从而最大限度地减少了重复性的建模和绘图工作，减少了项目设计方案变更中的失误，提高了工程师的工作效率。同时它能在施工前对建筑结构进行更精确的可视化，从而在设计阶段早期制定更加明智的决策。

4.1.2 用户界面

用户界面及各部分名称见图 4-1。

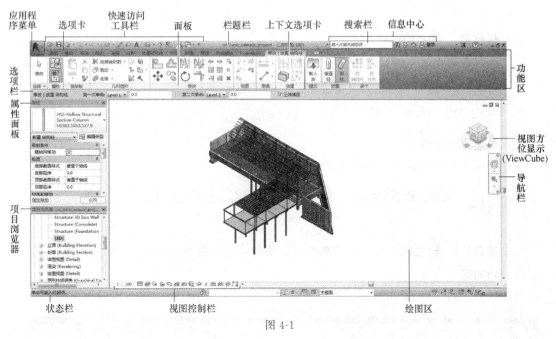

图 4-1

如果想调整用户界面，点击功能区中【视图】选项卡＞【用户界面】，在下拉菜单中勾选或取消勾选，可添加或取消部分界面的显示，见图 4-2。

(1) 应用程序菜单

单击图标，展开如图 4-3 所示菜单。

快捷键：Alt＋F

应用程序菜单，包含了新建、保存、退出等文件命令。

图 4-2

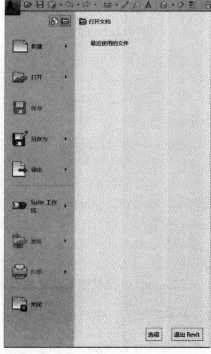

图 4-3

(2) 标题栏

位于用户界面正上方，显示出当前项目名称以及打开的视图，见图 4-4。

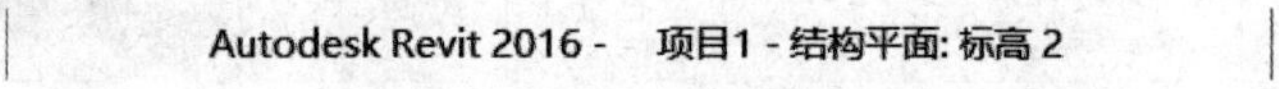

Autodesk Revit 2016 - 项目1 - 结构平面: 标高 2

图 4-4

(3) 快速选项工具栏

快速访问工具栏放置有常用的命令按钮，见图 4-5。

图 4-5

点击最右侧的 ▼ 按钮，在下拉菜单中可以添加或隐藏命令。

(4) 功能区

功能区，见图 4-6，是用户调用工具的界面，集中了 Revit Structure 中的操作命令。

图 4-6

① 选项卡位于功能区最上方，从左至右各选项卡功能如下。

a. 建筑：包含创建建筑模型的工具。

b. 结构：包含创建结构模型的工具。

c. 系统：包含创建设备模型的工具。

d. 插入：插入或管理辅助数据文件如 CAD 文件、外部族。

e. 注释：为建筑模型添加如文字、尺寸标注、符号等注释。

f. 分析：包含分析结构模型的工具。

g. 体量和场地：创建体量和场地图元。

h. 协作：包含了同其他设计人员协作完成项目的工具。

i. 视图：调整和管理视图。

j. 管理：定义参数、添加项目信息、进行设置等。

k. 附加模块：包含了可在 Revit 中使用的外部安装的工具。

l. Extensions：安装速博插件后，选项卡中会增加此项，速博插件将在本章最后提到。

m. 修改：对模型中的图元进行修改。

② 最小化。点击功能区上方，选项卡右侧的 ![按钮] 按钮，或鼠标左键双击任何一个选项卡，将依次进行如下操作：

最小化为面板按钮：显示每个面板的第一个按钮，见图 4-7。

图 4-7

最小化为面板标题：显示面板的名称，见图 4-8。

图 4-8

最小化为选项卡：显示选项卡标签，见图 4-9。

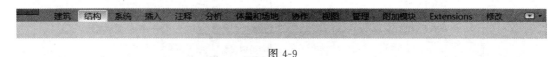

图 4-9

③ 拖拽。功能区面板可以放置在任意位置，将鼠标放置在图 4-10 所示位置，按住左键拖动即可。

将鼠标移动到面板上，面板显示如图 4-11 所示，点击图示按钮，即可使面板返回到原来的位置。

图 4-10

图 4-11

④ 上下文选项卡。当使用命令或选定图元时，功能区的修改选项卡会转变为上下文选项卡，此时该选项卡中的工具仅与所对应的命令或图元相关联。如选择【结构】选项卡＞【基础】面板＞【独立】，会显示图示选项卡，见图 4-12。

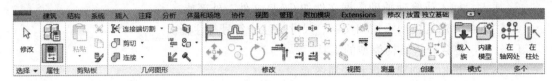

图 4-12

(5) 选项栏

选项栏位置在功能区下方，当使用命令或选定图元时，会显示出相关的选项。例如当用户使用【梁】命令时，选项栏显示如图 4-13 所示。

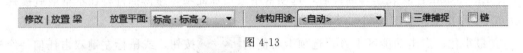

图 4-13

(6) 项目浏览器

项目浏览器显示当前项目中所有视图、图例、明细表、图纸、族、组、链接及各组成部分的逻辑关系，见图 4-14。点击节点将展开下一级内容，右键点击相应内容可进行复制、删除、选择全部实例、编辑族等相关操作。

(7) 属性面板

属性面板，见图 4-15，显示了不同图元或视图的类型属性和实例属性参数。当从图中选定了图元时，属性栏会显示该图元的实例属性，用户可以更改相关参数。

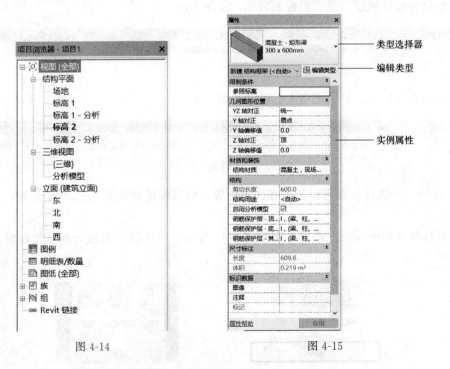

图 4-14   图 4-15

点击【类型选择器】，在下拉菜单中可调整图元类型，见图 4-16。

用户也可以点击【编辑类型】选项，在弹出的类型属性对话框中，见图4-17，用户可以编辑图元所属类型的类型属性。

图 4-16

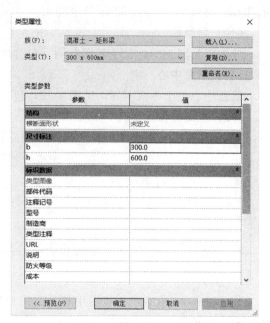

图 4-17

💡 提示

若关闭了属性面板的显示，用户可以通过本节开始提到的【视图】面板＞【用户界面】，调出属性栏。使用快捷键"Ctrl＋1"，可以开启关闭属性面板的显示。也可以在功能区中打开属性面板和类型属性，见图4-18。

图 4-18

(8) 状态栏

状态栏位于用户界面的左下方，显示与命令操作有关的提示。例如，当在视图中选择某一构件时，状态栏左侧显示了相关命令的提示，右侧放置了方便用户选择图元的工具，见图4-19。

图 4-19

(9) 视图控制栏

视图控制栏位于窗口的底部，包含了视图控制的相关工具，见图4-20。

图 4-20

从左至右依次是：比例、详细程度、视觉样式、关闭日光路径、关闭/打开阴影、裁剪/不剪裁视图、显示/隐藏裁剪区域、临时隐藏/隔离、显示隐藏的图元、临时视图属性、显示/隐藏分析模型、显示/关闭显示约束。

（10）导航栏

导航栏见图4-21，位于界面右侧，包含导航控制盘、缩放两部分。

（11）信息中心

信息中心位于界面上方，见图4-22，包含搜索栏、通信中心、收藏夹等选项。

（12）**视图方位显示**（ViewCube）

ViewCube，见图4-23，位于绘图区域的右上方，供用户快捷地调节视图。

键入关键字或短语 🔍 🗲 ☆ 👤登录 　　· ✖ ?

图 4-21　　　　　　　　　　　图 4-22　　　　　　　　　　　图 4-23

ViewCube 只有在三维视图中显示。用户将鼠标放在 ViewCube 上，**按住左键拖动鼠标，可以转动视角。**

💡 **提示**

用户也可以在三维视图中通过按住"Shift＋鼠标中键"来使用 ViewCube。**不必每次将鼠标移动到 ViewCube 上拖动，方便操作。**

（13）**绘图区域**

绘图区域显示了当前视图，是用户创建模型的界面。在绘图区域单击鼠标或**按住左键拖动鼠标框选，可以选择图元。**

💡 **提示**

与 CAD 类似，从左至右进行框选，会选中被完全包含在选框中的图元。**从右至左进行选择，则会将与选框有接触的图元全部选中。**

4.1.3　基本概念

（1）项目

Revit Structure 中的项目类似于一个实际的结构工程项目，在一个实际工程项目中，所有的文件包括图纸、三维视图、明细表、造价估算等都是紧密相联的。同样，Revit Structure 的项目既包含了三维结构建模的内容，也包含了参数化的文件信息，从而形成了一个完整的项目，存储于一个文件中，方便了用户的调用。与一般三维建模不同的是，Revit Structure 中的项目包含了物理模型和分析模型。物理模型由多材质的参数化构件组成，是一种可视化的实物模型。分析模型则是与物理模型对应的简化模型，可以导入结构分析软件进行结构分析，它独立于物理模型而存在，可以进行编辑，它搭建了 Revit Structure 与结构分析软件 Autodesk Robot Structure Analysis 的桥梁，从而更好地为物理模型服务。

物理模型和分析模型分别见图 4-24 和图 4-25。

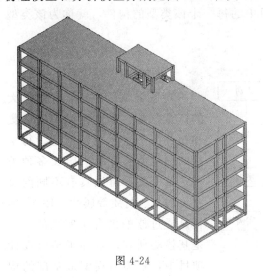

图 4-24

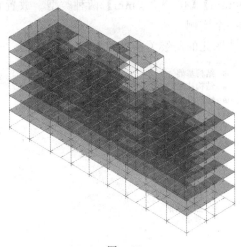

图 4-25

(2) 图元

Revit Structure 中，图元是构成一个模型的基本单位。图元可以分为主体图元、构件图元、注释图元、基准图元和视图图元 5 种类型。

① 主体图元：包括墙、楼板、屋顶、楼梯等。

主体图元代表的实际建筑物中的主体构件，可以用来放置别的图元，如楼梯配筋、楼板开洞。主体图元的参数设置是软件系统预先设置好的，用户不能添加参数，只能在原有的参数基础上加以修改，创建出新的主体类型。如楼板，可以在类型属性中设置构造层、厚度、材质等参数。

② 构件图元：包括梁、柱、桁架、钢筋等。

构件图元和主体图元一样，都是模型图元，是建模最基本最重要的图元，构成了实际施工中的构筑物。不同的是，构件图元的参数设置较为灵活多变，用户可以根据自己的需求，设置各种参数类型，以满足参数化设计的需求。

③ 注释图元：包括尺寸标注、文字注释、标记、符号等。

注释图元是为了满足不同的图纸设计需求，对模型进行详细的描述和解释。注释图元可由用户自行设计，同时，它与注释的对象之间是相互关联的，当注释对象的尺寸材质等参数被修改时，注释图元会相应地自动改变，从而提高了出图的效率。

④ 基准图元：包括轴网、标高、参照平面等。

基准图元为模型图元的放置和定位提供了框架，参照平面则是在轴网和标高的基础上加以辅助定位，方便建模。

⑤ 视图图元：包括楼层平面图、立面图、剖视图、三维视图、详图、明细表等。

视图图元是基于模型生成的视图表达，视图图元之间既是相互独立，又是相互关联的。每个视图都可以设置其显示的构件的可见性、详细程度和比例，以及该视图所能显示的视图范围。

在 Revit 中，所有图元都是按照一定的层级关系来进行储存和管理的，图元的层级关系由高到低依次为类别、族、类型、实例。每个图元都有自己所属的类别，如结构柱、结构框架、结构基础就是三个不同的类别。每个类别中，根据不同的材质和形状，可分为若干个族，如结构框架类别中包含混凝土结构框架族、钢结构框架族、木结构框架族等。

根据不同的参数值，每个族划分成不同类型，如混凝土矩形梁的族中，就包含了【300×600mm】【400×800mm】两种类型。放置在项目中的每一个该类型的构件，就称为该类型的一个实例。

图元的层级关系见图4-26。

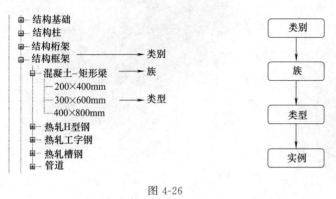

图 4-26

（3）族

族是 Revit 中一个功能强大的概念，是一个包含通用属性集和相关图形表示的图元组。每个族的图元能够在其内定义多种类型，每个类型可以具有不同的尺寸、形状、材质等属性。Revit 项目是通过族的组合来实现的，族是其核心所在，贯穿于整个设计项目中，是项目模型最基础的构筑单元。

族有四种类型，分别是系统族、内建族、可载入族、嵌套族与共享族。

系统族，是程序预定义的。不能从外部加载，只能在项目中进行设置和修改。例如，屋顶、楼板、标高等。

内建族，是用户在创建项目时创建的仅针对当前项目使用所创建的族。

可载入族，是可加载的独立族文件，用户可通过相应的族样板创建，根据自身需要向族中添加参数，如尺寸、材质。创建完成后，用户可将其保存为独立的族文件，并可加载到任意所需要的项目中。可载入族是用户使用和创建最多的族文件。

嵌套族与共享族，在创建族文件时，将一个族文件加载进来，创建了新的族文件，加载进来的族就称为嵌套族，加载进的族称为宿主族。嵌套族加载到宿主族之前，可设置为共享，这样，当载入到不同的宿主族文件后，对嵌套族做的修改，影响所有宿主文件。

（4）文件组成

Revit Structure 的基本文件有以下四种。

① *.rte 格式，代表项目样板。

② *.rvt 格式，代表项目文件。

③ *.rfa 格式，代表可载入族。

④ *.rft 格式，代表族样板文件。

4.2　Revit 建模

4.2.1　建模相关命令

（1）新建项目

① 运行 Revit Structure。新建项目：点击左上角应用程序菜单▲＞【新建】＞【项目】或点击快速访问工具栏中的【新建】，见图4-27。

快捷键：Ctrl＋N

② 在弹出的"新建项目"对话框中，选择合适的项目样板创建项目，在【样板文件】一栏中，选择结构样板，程序会选择针对中国用户定制的 Structural Analysis-Default-CHNCHS.rte 样板文件，用户也可以点击【浏览】，选择其他结构样板文件。见图4-28。

图 4-27   图 4-28

③ 保存文件，点击快速访问工具栏或应用程序菜单中的【保存】，保存项目文件。

(2) 标高

标高命令：【结构】选项卡＞【基准】面板＞【标高】，见图4-29。

快捷键：LL

图 4-29

启动命令后，在上下文选项卡【修改|放置 标高】＞【绘制】面板中，提供了【直线】【拾取线】两种绘制方式，默认选择"直线"，见图4-30。

图 4-30

在属性面板的类型选择器中选择标高的样式。在选项栏中，默认勾选了【创建平面视图】，点击右侧【平面视图类型】后弹出的【平面视图类型】对话框，见图4-31，可以选择要创建的平面视图类型。即创建的标高，会生成所选择的平面视图。

图 4-31

接下来进行标高的绘制。单击鼠标左键，确定起点，拖动鼠标，再次点击鼠标左键确定终点，当标高线的端点与原有标高线对齐时，会显示出一条蓝色虚线，见图 4-32。

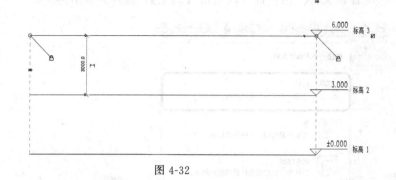

图 4-32

(3) 轴网

轴网命令：【结构】选项卡＞【基准】面板＞【轴网】，见图 4-33。

快捷键：GR

图 4-33

启动轴网命令后，会显示上下文选项卡【修改|放置 轴网】，在【绘制】面板中可以选择绘制方式，依次为【直线】【起点-终点-半径弧】【圆心-端点弧】【拾取线】。默认会选择【直线】方式，见图 4-34。

图 4-34

点击鼠标开始绘制，再次点击鼠标完成绘制。在绘图区绘制完成的轴网见图 4-35。勾选、取消勾选标头附近的方框可以显示或隐藏轴网标号。按住鼠标左键拖动轴网线两端的圆圈，可以改变轴网线的长度。

图 4-35

轴网的调整如下。

① 轴网标头位置调整　当存在多根轴线时，选中一根轴线后，会出现一个锁住的锁形图标，所有对齐的轴线位置处会出现一条对齐虚线。用鼠标拖拽轴线端点，所有轴线同步移动，见图 4-36。如要只移动单根轴线，先点击锁形图标解除锁定，再拖拽轴线端点进行调整，见图 4-37。

遇到轴网距离过近，轴网标头重叠时，可通过【添加弯头】修改轴网标头位置。选中轴线后，在标头位置会有一个折断线形状节点，即【添加弯头】，点击后轴号位置就可以通过拖动弯折处的小圆点进行调整，见图 4-38。

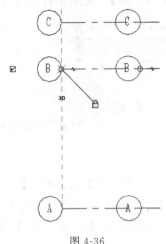

图 4-36

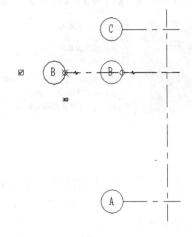

图 4-37

② 更改轴号　重命名轴号，点击轴线的标号，变为输入状态，此时输入新的轴号，输入完成后按回车键完成更改，见图 4-39。

③ 调整轴号字体　程序默认的轴号字体不规范，下面介绍两种调整轴号字体的方法。

方法一：载入标头族。点击【插入】选项卡＞【从库中载入】面板＞【载入族】，弹出【载入族】对话框，见图 4-40。

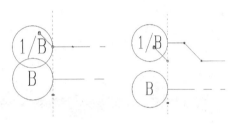

图 4-38

图 4-39

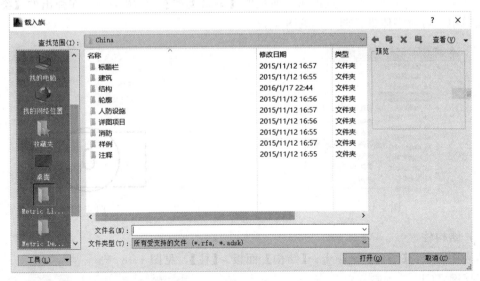

图 4-40

打开【注释】>【符号】>【建筑】，选择【轴网标头-圆.rfa】，见图 4-41，点击【打开】。

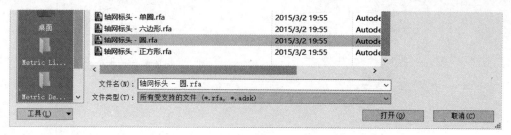

图 4-41

之后选中轴线，点击属性面板【编辑类型】，打开【类型属性】对话框，【符号】一栏默认为【M_轴网标头-圆】，下拉列表中，选择刚刚载入的【轴网标头-圆】，见图 4-42。

点击【确定】后，可以看到字体发生了改变。和原来默认的【M_轴网标头-圆】效果的对比见图 4-43。

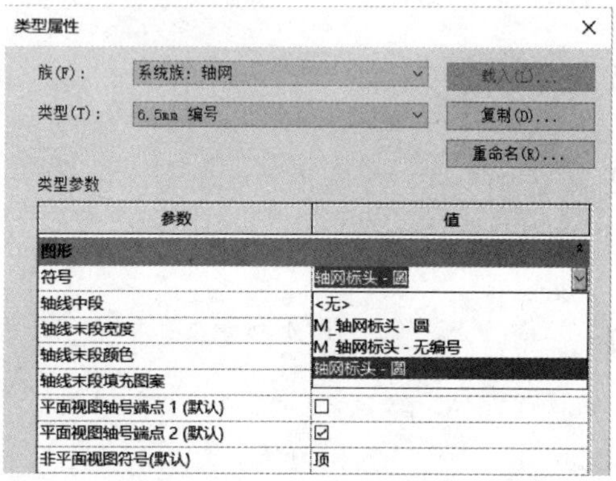

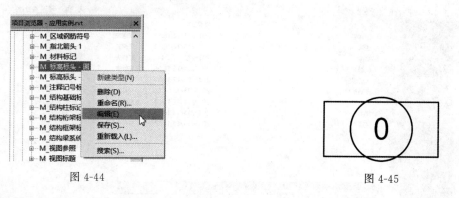

图 4-42 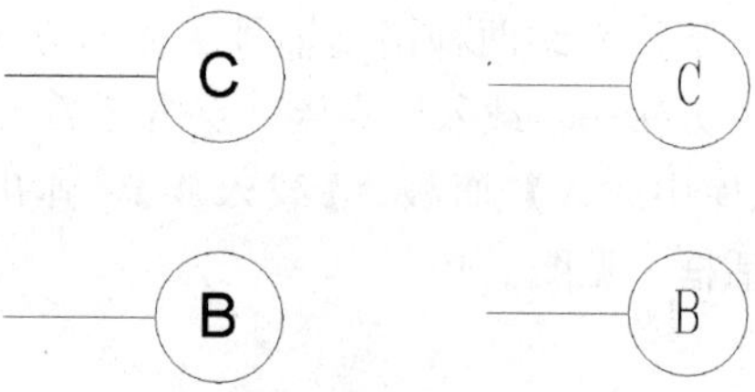　　　　　　　　　　　　　图 4-43

方法二：编辑现有标头。在项目浏览器中，点击【族】>【注释符号】，找到【M_轴网标头-圆】，点击右键在弹出的菜单中选择编辑，见图 4-44。进入【M_轴网标头-圆】族的编辑界面，选中数字，见图 4-45。点击属性面板的【编辑类型】，见图 4-46。在弹出的【类型属性】菜单中，可对字体进行调整，见图 4-47。

图 4-44　　　　　　　　　　　　　图 4-45

（4）结构柱

结构柱命令：【结构】选项卡>【结构】面板>【柱】，见图 4-48。

快捷键：CL

图 4-46

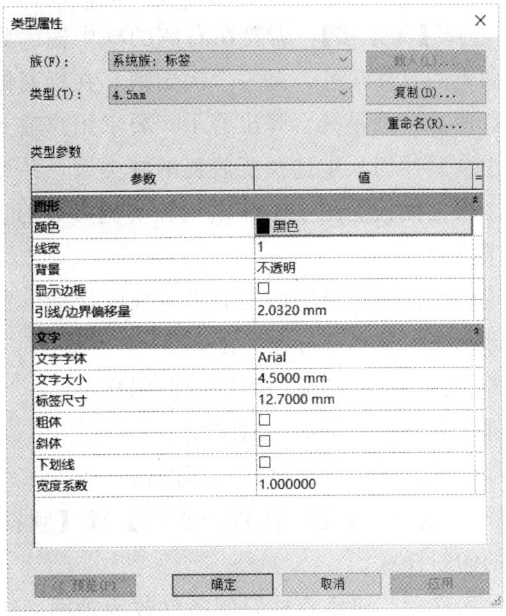

图 4-47

在"属性面板"类型选择器中选择合适的结构柱类型进行放置，见图 4-49。

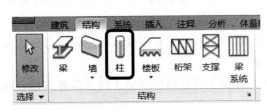

图 4-48

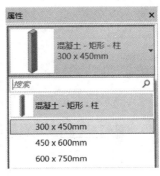

图 4-49

启动结构柱命令后，【修改|放置 结构柱】选项卡>
【放置】面板中会默认【垂直柱】，见图 4-50。

在选项栏中，对柱子的上下边界进行设定，见图
4-51。程序会默认选择【深度】。

【高度】表示自本标高向上的界限。【深度】表示自本
标高向下的界限。

图 4-50

图 4-51

在【高度/深度】后面的一栏中，选择具体的界限：

① 选择某一标高平面，表示界限位于标高平面上。如选择【高度】【标高 3】，那么该柱

的上界就位于标高3上，且会随标高3的高度的改变而移动。

② 选择【无连接】，需要在右侧的框中输入具体的数值。【无连接】意思是指，该构件向上或向下的具体尺寸，是一个固定值，在标高修改时，构件的高度保持不变。用户不能输入0或负值，否则系统会弹出警示，要求用户输入小于9144000mm的正值。

用户在属性面板中选择要放置的柱类型，并可对参数进行修改。也可以在放置后修改这些参数。属性面板见图4-52。结构柱实例参数的含义，详细介绍如下。

① 限制条件

柱定位标记：项目轴网上的垂直柱的坐标位置。

底部标高：柱底部标高的限制。

底部偏移：从底部标高到底部的偏移。

顶部标高：柱顶部标高的限制。

顶部偏移：从顶部标高到顶部的偏移。

柱样式：【垂直】【倾斜-端点控制】或【倾斜-角度控制】。指定可启用类型特有修改工具的柱的倾斜样式。

随轴网移动：将垂直柱限制条件改为轴网。结构柱会固定在该交点处，若轴网位置发生变化，柱会跟随轴网交点的移动而移动。

房间边界：将柱限制条件改为房间边界条件。

② 材质和装饰

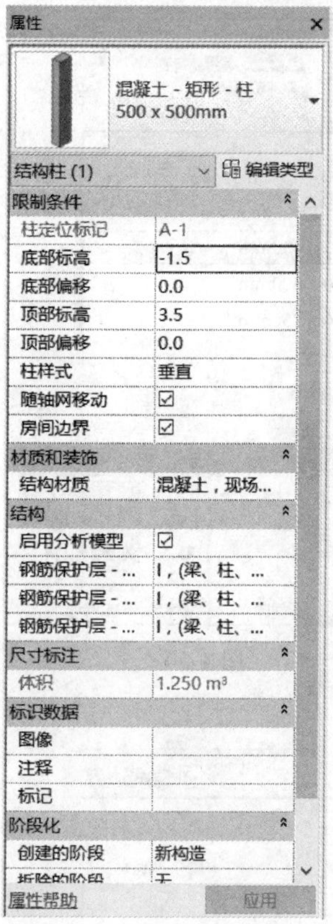

结构材质：定义了该实例的材质。

③ 结构

启用分析模型：显示分析模型，并将它包含在分析计算中。默认情况下处于选中状态。

钢筋保护层-顶面：只适用于混凝土柱。设置与柱顶面间的钢筋保护层距离。

钢筋保护层-底面：只适用于混凝土柱。设置与柱底面间的钢筋保护层距离。

钢筋保护层-其他面：只适用于混凝土柱。设置从柱到其他图元面间的钢筋保护层距离。

顶部连接：只适用于钢柱。启用抗弯连接符号或抗剪连接符号的可见性。这些符号只有在与粗略视图中柱的主轴平行的立面和截面中才可见。

底部连接：只适用于钢柱。启用柱脚底板符号的可见性。这些符号只有在与粗略视图中柱的主轴平行的立面和截面中才可见。

④ 尺寸标注：

体积：所选柱的体积。该值为只读。

⑤ 标识数据：

创建的阶段：指明在哪一个阶段中创建了柱构件。

拆除的阶段：指明在哪一个阶段中拆除了柱构件。

图 4-52

用户只能在平面中放置结构柱。在放置柱时，柱子的一个边界便已经被固定在该平面上，且会随该平面移动。

选择"高度"时，后面设定的标高一定要比当前标高平面高。同样的，当选择"深度"时，后面设定的标高一定要比当前标高平面低，否则程序无法创建，并会出现警告框，见图4-53。

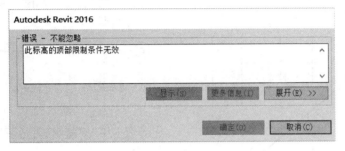

图 4-53

在平面视图放置垂直柱，程序会显示柱子的预览。如果需要在放置时完成柱的旋转，则要勾选选项栏的【放置后旋转】，见图4-54。放置后选择角度，见图4-55，或者在放置前按空格键，每按一下空格键，柱子都会旋转，与选定位置处的相交轴网对齐，若没有轴网，按空格键时柱子会旋转90°。

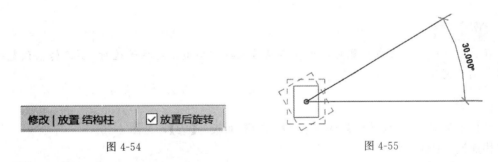

图 4-54   图 4-55

在视图中放置结构柱，可以一个一个地将柱子放置在所需要的位置，也可以批量地完成结构柱的放置。

点击【修改|放置 结构柱】选项卡＞【多个】面板＞【在轴网处】，见图4-56。

选择需要放置柱子处的相交轴网，见图4-57，按"Ctrl"键可以继续选择，程序会在选择好的轴网处生成柱子的预览。选择好后，点击【修改|放置 结构柱＞在轴网交点处】选项卡＞【多个】面板＞【完成】，见图4-58，完成放置。

用户也可以框选多根轴线，框选时可以配合"Ctrl"键，选择完毕后点击【完成】，生成的柱见图4-59。

图 4-56

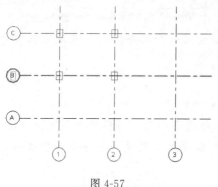

图 4-57

图 4-58

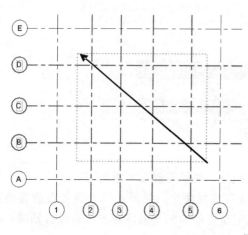

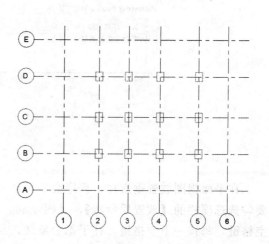

图 4-59

💡 提示

在放置多个柱，生成预览时，用户可以通过按空格键，对柱子进行 90°旋转。预览也会旋转，调整无误后，完成放置。

(5) 梁

结构框架梁命令：【结构】选项卡＞【结构】面板＞【梁】，见图 4-60。

快捷键：BM

图 4-60

图 4-61

启动梁命令后，上下文选项卡【修改|放置梁】中，出现绘制面板，面板中包含了不同的绘制方式，依次为【直线】【起点-终点-半径弧】【圆心-端点弧】【相切-端点弧】【圆角弧】【样条曲线】【半椭圆】【拾取线】以及可以放置多个梁的【在轴网上】，见图 4-61。

一般使用直线方式绘制梁。点击选取梁的起点，拖动鼠标绘制梁线，至梁的终点再点击，完成一根梁的绘制。

在【属性】面板中可以修改梁的实例参数，也可以在放置后修改这些参数。下面对【属性】面板中一些主要参数进行说明。

① 参照标高：标高限制，取决于放置梁的工作平面。只读不可修改。

② YZ 轴对正：包含【统一】和【独立】两种。使用【统一】可为梁的起点和终点设置相同的参数。使用【独立】可为梁的起点和终点设置不同的参数。

③ 结构用途：用于指定梁的用途。包含【大梁】【水平支撑】【托梁】【其他】【檩条】和【弦】六种。

调整完"属性"面板中的参数后，在"状态栏"完成相应的设置，见图4-62。

图 4-62

下面对【状态栏】的参数进行说明。

① 放置平面：系统会自动识别绘图区当前标高平面，不需要修改。如在结构平面标高1中绘制梁，则在创建梁后【放置平面】会自动显示【标高1】，见图4-63。

② 结构用途：这个参数用于指定结构的用途，包含【自动】【大梁】【水平支撑】【托梁】【其他】和【檩条】。系统默认为【自动】，会根据梁的支撑情况自动判断，用户也可以在绘制梁之前或之后修改结构用途。结构用途参数会被记录在结构框架的明细表中，方便统计各种类型的结构框架的数量。

③ 三维捕捉：勾选【三维捕捉】，可以在三维视图中捕捉到已有图元上的点，见图4-64，从而便于绘制梁；不勾选则捕捉不到点。

④ 链：勾选【链】，可以连续地绘制梁，见图4-65；若不勾选，则每次只能绘制一根梁，即每次都需要点选梁的起点和终点。当梁较多且连续集中时，推荐使用此功能。

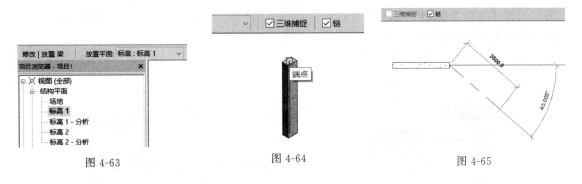

图 4-63   图 4-64   图 4-65

💡 提示

梁的添加是从当前标高平面往下，即梁的顶面与当前标高对齐。用户可以更改竖向定位，选取需要修改的梁，在属性对话框中设置起点终点的标高偏移，正值向上，负值向下。也可以修改竖向（Z 轴）对齐方式，可选择原点、梁顶、梁中心线或梁底与当前偏移平面对齐，默认为梁顶，见图4-66。

几何图形位置	
YZ 轴对正	统一
Y 轴对正	原点
Y 轴偏移值	0.0
Z 轴对正	顶
Z 轴偏移值	0.0

图 4-66

(6) 楼板

【楼板：结构】命令：【结构】选项卡＞【结构】面板＞【楼板】。

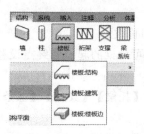
图 4-67

快捷键：SB

在下拉菜单中，可以选择【楼板：结构】、【楼板：建筑】或【楼板：楼板边】，见图 4-67。点击图标或使用快捷键启动命令后，程序会默认选择【楼板：结构】。

结构楼板也是系统族文件，只能通过复制的方式创建新类型。

启动命令后，在功能区会显示【修改|创建楼板边界】选项卡，包含了楼板的编辑命令。默认选择为【边界线】，其中包含了绘制楼板边界线的【直线】【矩形】【多边形】【圆】等工具。点击【坡度箭头】按钮，可以创建倾斜结构楼板。不添加坡度箭头，程序会创建平面楼板。【跨方向】设置金属板放置的方向。使用楼板跨方向符号更改钢面板的方向。编辑完成后，点击【模式】面板中的【✔】按钮完成楼板的创建，见图 4-68。

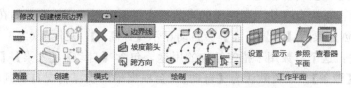
图 4-68

(7) 基础

独立命令：【结构】选项卡＞【基础】面板＞【独立】，见图 4-69。

启动命令后，在属性面板类型选择器下拉菜单中选择合适的独立基础类型，如果没有合适的尺寸类型，可以在属性面板【编辑类型】中通过复制的方法创建新类型，见图 4-70。如果没有合适的族，可以载入外部族文件。

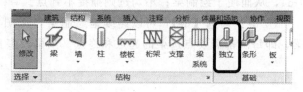
图 4-69

图 4-70

在放置前，可对属性面板中【标高】和【偏移量】两个参数进行修改，调整放置的位置。下面对【属性】面板中的一些参数进行说明。

限制条件：

① 标高：将基础约束到的标高。默认为当前标高平面。

② 主体：将独立板主体约束到的标高。

③ 偏移量：指定独立基础相对其标高的顶部高程。正值向上，负值向下。

尺寸标注：

① 底部高程：指示用于对基础底部进行标记的高程。只读不可修改，它报告倾斜平面的变化。

② 顶部高程：指示用于对基础顶部进行标记的高程。只读不可修改，它报告倾斜平面的变化。

类似结构柱的放置，独立基础的放置有以下三种方式。

方式1：在绘图区点击直接放置，如果需要旋转基础，可在放置前勾选选项栏中的【放置后旋转】，见图4-71。或者在点击鼠标放置前按"空格"键进行旋转。

方式2：点击【修改|放置 独立基础】选项卡＞【多个】面板＞【在轴网处】，见图4-72，选择需要放置基础的相交轴网，按住"Ctrl"键可以多个选择，也可以通过从右下往左上框选的方式来选中轴网。

方式3：点击【修改|放置 独立基础】选项卡＞【多个】面板＞【在柱处】，选择需要放置基础处的结构柱，系统会将基础放置在柱底端，并且自动生成预览效果，点击【✔】完成放置。

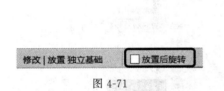

图 4-71

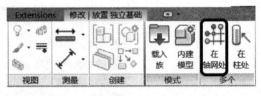

图 4-72

Revit 中的基础，上表面与标高平齐，即标高指的是基础构件顶部的标高，见图4-73。如需将基础底面移动至标高位置，使用对齐命令即可。

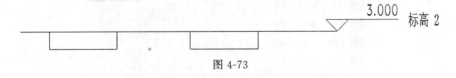

图 4-73

4.2.2 毕业设计模型的建立

(1) 前期设置

新建毕业设计的项目文件，并进行项目的前期设置。读者可以根据个人的使用习惯设置程序的自动保存时间、背景颜色以及捕捉等。这里，我们主要介绍构件材质的设置。

在 Revit 中，设置构件材质有多种方法。这里采用的是在项目中根据构件的种类，进行材质设置的方法。实际应用中，读者可以灵活选用不同的方法。

点击【管理】选项卡＞【设置】面板＞【对象样式】，弹出【对象样式】对话框，用户可以设置不同类别图元的显示效果和材质。

以设置结构柱材质为例，在【对象样式】对话框【模型对象】一栏中，将结构柱【材质】设为【混凝土，现场浇注－C30】。鼠标选中【材质】对应的表格，会出现一个方形图标 ⋯，见图4-74。点击即可打开【材质浏览器】对话框，在对话框中选择材质，在对话框的右侧会显示出该材质的各项性质，见图4-75。

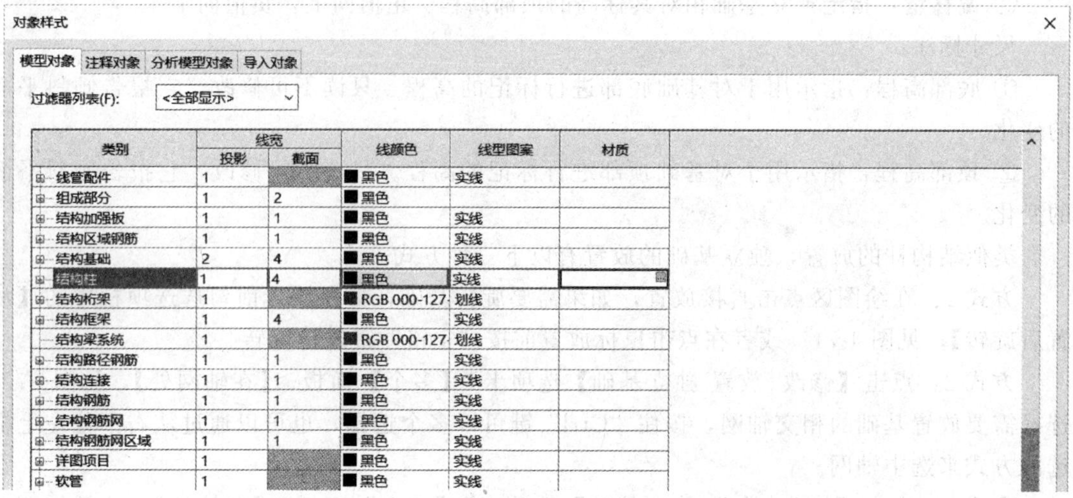

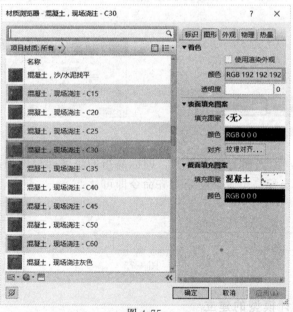

图 4-74

图 4-75

需要注意的是，Revit中【混凝土，现场浇注－C30】这一材质的杨氏模量与混凝土结构设计规范中规定的 $3.00 \times 10^4 \, \text{N/mm}^2$ 不一致，见图4-76。因此需要进行调整，直接在对话框中进行编辑，将杨氏模量改为规范规定的取值，之后点击【应用】完成修改。

用户在创建或选中结构柱时，【属性】面板中【结构材质】一栏中可以设置材质。如将材质设置为【＜按类别＞】，见图4-77，那么该柱的材质就会设置为【混凝土，现场浇注

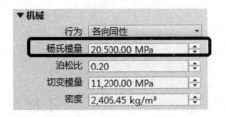

图 4-76

－C30】，即在【对象样式】中为结构柱设置的材质。

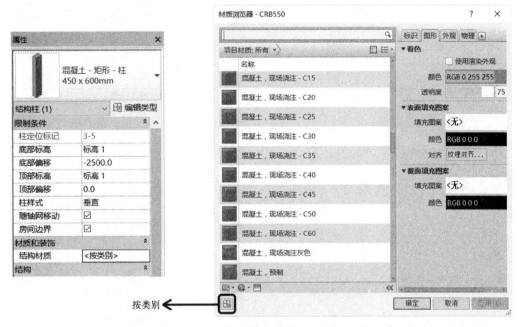

图 4-77

采用同样的方法，在【对象样式】中，将结构框架（即梁）、楼板的材质设置为【混凝土，现场浇注－C30】。

（2）创建标高

项目中默认有两个标高，分别为高程±0.000 的【标高 1】和高程 3.000 的【标高 2】。打开任意立面视图即可看到。根据地质资料，预先确定基础埋深为－1.8m。基础形式采用独立基础与基础梁，基础梁建在独立基础顶面处，梁高取 600m。

修改标高，将标高 1 的样式由【正负零标高】改为【上标头】。标高 1 的标高值修改为【－1.8】，重命名为【－1.8】，标高 2 的标高值修改为【－1.2】，重命名为【－1.2】，见图 4-78。

依次创建如下标高及相应的结构平面：－0.6m、3.6m、7.2m、10.8m、14.4m、18.0m、21.6m、25.2m，并将标高重命名为标高数值，见图 4-79。

由于标高是建模过程中的重要参照，因此为防止标高的意外移动或删除对建模造成影响，在创建完标高后需要对标高进行锁定。选中所有标高，使用锁定命令进行锁定。

锁定命令：【修改|轴网】选项卡＞【修改面板】中的【锁定】按钮。

快捷键：PN

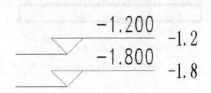

图 4-78

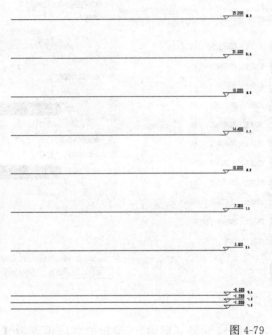

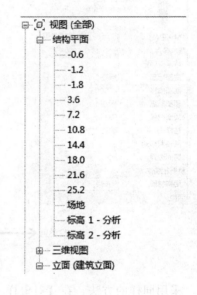

图 4-79

锁定后，图元将不能被移动、删除。如需解锁，

解锁命令：点击锁定按钮上方解锁按钮 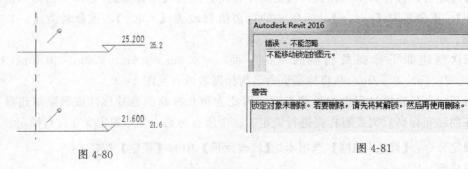。

快捷键：UP

完成锁定后，标高上会生成大头钉形状的标识，见图 4-80。在锁定状态下，如进行移动或删除，程序会发出警告，见图 4-81。

图 4-80

图 4-81

（3）创建轴网

根据建筑图创建轴线，创建完毕后平面、立面效果如图 4-82 所示。

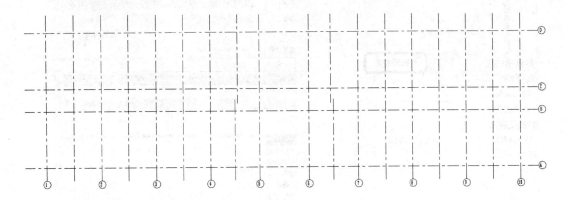

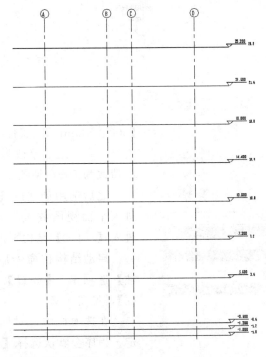

图 4-82

同样，在完成创建后，完成轴网的锁定。

（4）创建结构柱

首先，创建所需要的"500×500mm"混凝土柱，即在【混凝土-矩形-柱】族中创建【500×500mm】的新类型。点击【结构】选项卡＞【结构】面板＞【柱】，启动结构柱命令。在属性面板的类型选择器中，选择族中的任一类型，以此为基础创建新类型。此时选择【混凝土-矩形-柱】中的类型，此处以【300×450mm】为例，选中之后点击属性面板类型选择器下方的【编辑类型】，打开【类型属性】对话框，点击【复制】按钮，在弹出的【名称】对话框中输入新类型名称【500×500mm】，见图 4-83。

点击【确定】回到类型属性对话框，此时属性面板显示的类型就变成了新创建的

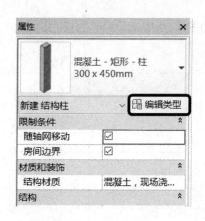

图 4-83

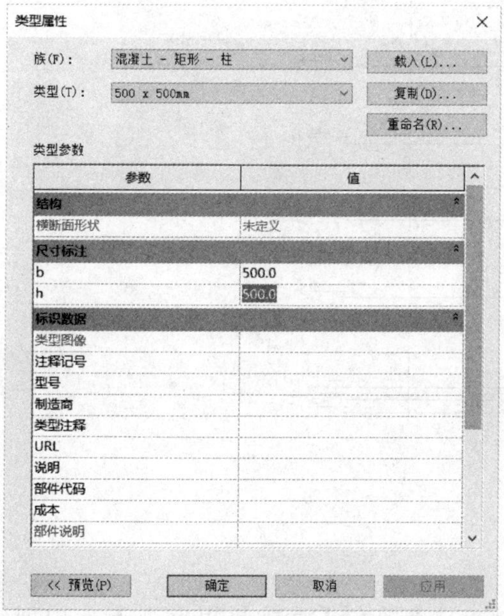

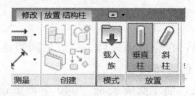

图 4-84

【500×500mm】，属性栏中参数值与所复制的类型一致。之后修改尺寸参数，将【b】【h】的值改为 500，见图 4-84。

之后选用创建的【500×500mm】类型，进入平面视图放置。先创建地基梁层的柱，进入【-1.2】结构平面。

启动结构柱命令后，【修改|放置 结构柱】选项卡＞【放置】面板中会默认【垂直柱】，见图 4-85。

在选项栏中，对柱子的上下边界进行设定。程序会默认选择【深度】，见图 4-86。

图 4-85

修改|放置 结构柱　□放置后旋转　深度：∨　未连接　∨　3000.0　☑房间边界

图 4-86

"高度"表示自本标高向上的界限。"深度"表示自本标高向下的界限。此处选择【高度】。在【高度/深度】后面的一栏中，选择具体的界限，此处，将界限设置为【-0.6】。即在【-1.2】和【-0.6】结构平面之间创建柱。鼠标移动到相应位置，点击鼠标进行柱的放置。

同样的方法，完成首层柱的创建，进入【-0.6】结构平面，启动结构柱命令，在选项栏中，设置为【高度】【3.6】，完成结构柱的放置。地基梁层柱创建完成的三维效果以及前两层柱创建完成后的效果见图 4-87。

图 4-87

(5) 创建梁

首先按照预估的截面，创建相应梁类型。程序中的【混凝土-矩形梁】中默认包含了【300×600mm】这一类型，我们只需创建【250×500mm】梁即可。方法与创建柱类型相同，选中一个类型后，点击属性面板中【编辑类型】，在弹出的【类型属性】对话框中，点击【复制】按钮，在【名称】对话框中输入新类型名称【250×500mm】，见图 4-88。

点击【确定】回到类型属性对话框，修改尺寸参数，将【b】的值改为 250，【h】的值改为 500，见图 4-89。

图 4-88   图 4-89

向模型中添加梁。首先进行【300×600mm】类型梁的添加，启动梁命令，在【−0.6】结构平面和【3.6】结构平面中，在图 4-90 所示的位置添加梁。

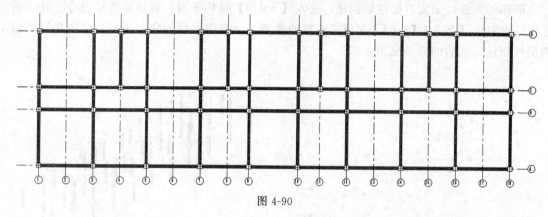

图 4-90

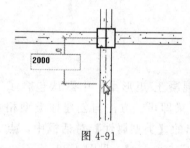

图 4-91

打开【−0.6】结构平面，根据建筑平面图，在墙下创建基础梁。选择【250×500mm】类型的梁进行添加。由于有些墙没有使用轴线定位，因此启动梁命令后，在鼠标插入点周围会显示周围的参照点和距参照点的距离。通过键盘输入相对于参照点距离的数值，以 mm 为单位，如图 4-91 所示。之后按回车键，程序便会选定该点。

在地基梁层中，【250×500mm】类型梁添加位置如图 4-92 所示。

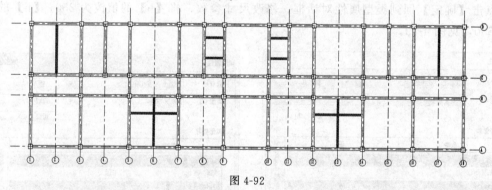

图 4-92

打开【3.6】结构平面，添加次梁。添加完成后，所有的次梁位置如图 4-93 所示。

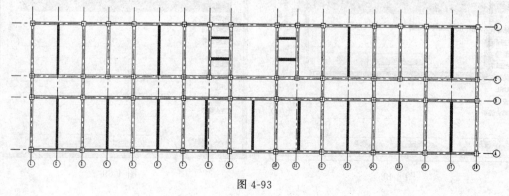

图 4-93

地基梁层、首层的柱、梁创建完成后的三维效果见图4-94。

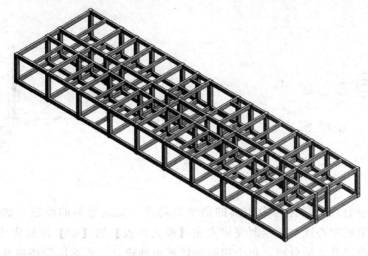

图 4-94

(6) 创建楼板

楼板的厚度为100mm。创建100mm的混凝土楼板，点击【结构】选项卡＞【结构】面板＞【楼板】，在下拉菜单中选择【楼板：结构】。在属性面板中选择【常规－300mm】类型，点击【编辑类型】，弹出【类型属性】对话框，复制创建新的类型，点击类型参数中的【编辑】按钮，见图4-95。在弹出的【编辑部件】对话框中，可以对楼板的构成进行编辑，设置相应的材质和厚度。在这里，我们不设置面层，将结构层的厚度改为100mm，其余不做修改。由于材料我们之前已经设置好，因此这里采用默认的【＜按类别＞】即可，见图4-96。设置完成后点击【确定】回到类型属性对话框，再次点击【确定】完成类型的创建。

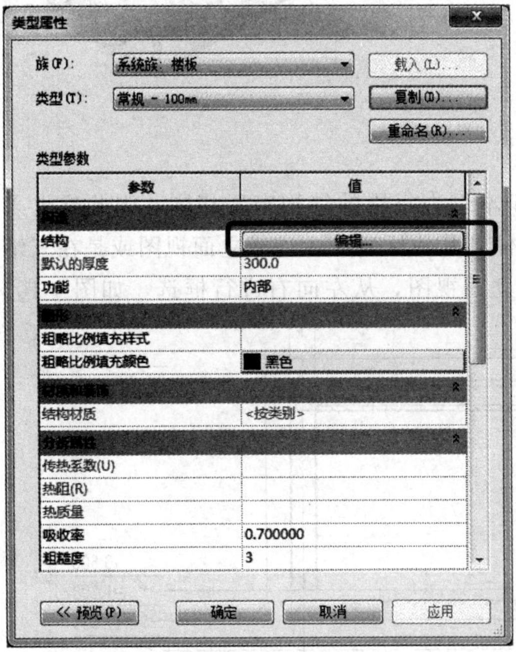

图 4-95

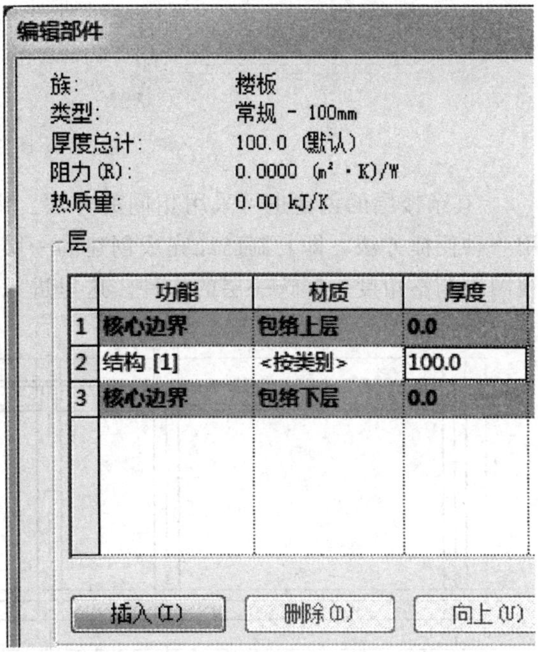

图 4-96

之后进行楼板边界的绘制。打开结构平面【3.6】，在【绘制】面板中选择矩形的绘制方式，见图 4-97。

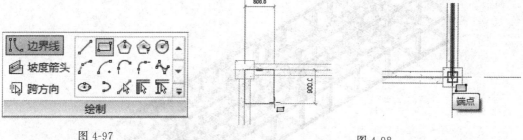

图 4-97

图 4-98

在对角的柱中心点击鼠标选中矩形的两个对角点，完成矩形的绘制，如图 4-98 所示。楼板的边缘位于梁的中心线上，绘制完成点击【模式面板】的【✔】图标完成楼板的创建。为了方便模型修改以及结构分析，每个房间的楼板单独建立。若某层的楼板整体创建，不能部分修改楼板厚度，且导入 Robot 中进行荷载添加时，不能按照在楼板上添加荷载的方式，在不同的位置施加不同的荷载。创建完成的楼板效果如图 4-99 所示。

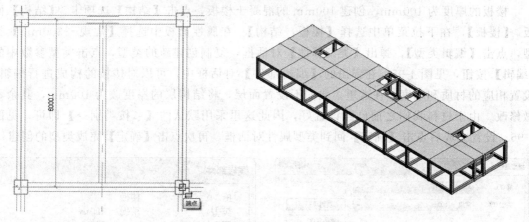

图 4-99

其余楼层的创建也可采用相同的方法。由于本例中每层的结构布置相同，因此这里采用一种便捷方法，即复制已经完成创建的一层构件到其他标高处。进入立面视图或是在三维视图中调整角度，框选一层的构件。这里进入西立面视图，从左向右进行框选，如图 4-100

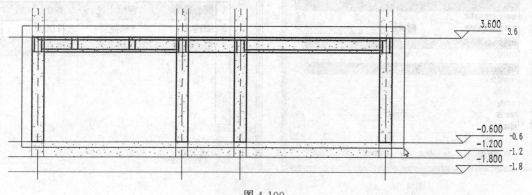

图 4-100

所示。若框选中了其他不需要的构件，用户可以点击用户界面右下角的过滤器取消部分构件的选择，下文进行材质的设置时会介绍过滤器的使用。

完成构件选择后，点击【修改|选择多个】选项卡>【剪贴板】面板>【复制到剪贴板】，见图4-101。点击【粘贴】下拉菜单中的【与选定的标高对齐】，见图4-102。弹出"选择标高"对话框，选择7.2～21.6的标高，见图4-103，之后选中复制生成的柱，将属性栏中底部偏移调整为0，使构件底面位于层高的标高处。

图 4-101

图 4-102

图 4-103

复制完毕后，前六层的模型三维效果见图4-104。

六层之上，还要创建电梯的设备间以及楼梯的顶棚。进入结构平面【21.6】，启动柱命令，选择【500×500mm】类型。在图4-105所示位置创建标高21.6～25.2m的柱。进入结构平面【25.2】，主梁选用【300×600mm】，次梁选用【250×500mm】，在图4-106所示位置创建次梁，图中深色的梁为主梁，其余的梁为次梁。

梁创建完成，为第七层添加楼板。至此，结构构件创建完毕，三维效果见图4-107。

图 4-104

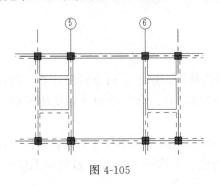

图 4-105

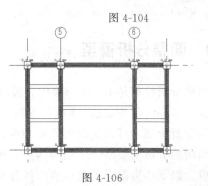

图 4-106

模型建立好后，选择构件进行材质的设置。在Revit中，有多种批量选择构件的方法，这里介绍其中一种。进入三维视图，框选全部构件，点击用户界面右下角的过滤器，见图4-108。过滤器右侧会显示所选构件的数量。打开【过滤器】对话框，在对话框中取消勾选不需要的构件，如选择结构柱，见图4-109。

点击【确定】，就选中了项目中的全部结构柱。在属性栏中进行材质设置，将其材质设置为【＜按类别＞】。同样的选中过滤器中的【结构框架（大梁）】【结构框架（托梁）】，对梁做相同的设置。对于楼板，在创建100mm厚的楼板时，在类型属性中已经进行了材质设置。至此，物理模型创建完成。

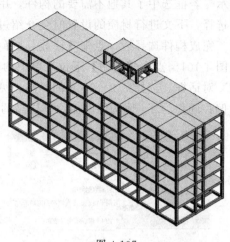

图 4-107

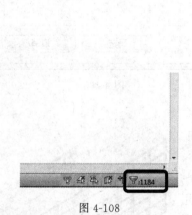

图 4-108

过滤器对话框

图 4-109

![提示] 提示

楼梯命令创建的楼梯没有分析模型，不能进行分析计算。因此在物理模型中没有进行楼梯的创建。

4.3 调整分析模型

结构分析模型是Revit和结构分析软件数据传递的载体，用于结构分析和计算，提供结构计算所需的结构信息。Revit在创建结构实体模型的同时，会自动创建和实体模型一致的结构分析模型，可以导出到分析和设计程序。

结构的分析模型由一组结构构件分析模型组成，结构中的图元都与一个结构构件分析模型对应。以下结构图元具有结构构件分析模型：结构柱、结构框架图元（如梁和支撑）、结构楼板、结构墙以及结构基础图元。

4.3.1 结构参数设置

结构设置命令：【管理】选项卡＞【设置】面板＞【结构设置】，或【结构】选项卡＞【结构】面板右下角的【↘】，见图 4-110。

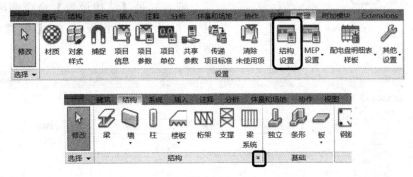

图 4-110

结构参数设置包括：符号表示法设置、荷载工况、荷载组合、分析模型设置和边界条件设置。启动结构设置命令，打开【结构设置】对话框，第一个板块为【符号表示法设置】，见图 4-111。

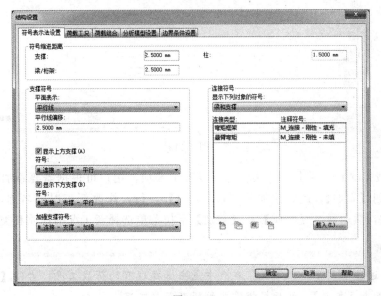

图 4-111

(1) 符号表示法设置

【符号表示法设置】板块包含【符号缩进距离】【支撑符号】和【连接符号】三栏。

① 符号缩进距离：表示支撑、梁/桁架或柱与其他结构框架构件两者符号表示法之间的缩进距离。

② 支撑符号：此栏专门控制符号支撑，【平面表示】有【平行线】和【有角度的线】两种，平面视图中支撑的符号表示法由一条平行于该支撑的线表示。

③ 连接符号：连接符号显示在梁、支撑和柱符号的末尾。用户可以定义自己的连接类

型，并为每种类型指定连接符号族。类型分为梁/支撑终点连接、柱顶部连接，以及柱底部连接。

图 4-112

(2) 荷载工况

荷载工况命令：【分析】选项卡＞【分析模型】面板＞【荷载工况】，见图 4-112。

或者通过【结构设置】命令调出此对话框，对话框中第二个板块为【荷载工况】，见图 4-113。

图 4-113

在【荷载工况】一栏中，默认状态下设置了 8 项，用户可根据需要添加新的【荷载工况】。点击右侧【添加】，此时添加了【新工况 1】一行，修改新工况的名称，【工况编号】只读不可修改，然后通过【性质】和【类别】下拉菜单选择新工况的性质和类别。

💡 提示

用户也可通过复制添加新工况。在表中点击选择现有的荷载工况，右侧【添加】按钮变为【复制】，点击【复制】，然后根据需要编辑新荷载工况。

在【荷载性质】一栏中，默认状态下设置了 8 种常用的荷载性质，点击右侧【添加】可添加新的荷载性质。

(3) 荷载组合

荷载组合命令：【分析】选项卡＞【分析模型】面板＞【荷载组合】，见图 4-114。

图 4-114

或者通过【结构设置】命令调出此对话框，对话框中第三个板块为【荷载组合】，见

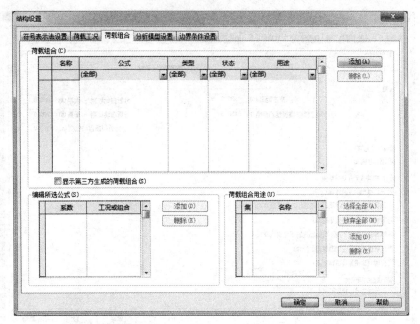

图 4-115

图 4-115。

在【荷载组合】一栏中，点击右侧【添加】，出现【新组合 1】一行，可对组合进行重命名，并定义公式、类型、状态、用途。

公式在下方左侧【编辑所选公式】一栏中进行编辑，点击【添加】后，设置系数并选择工况。

类型可选择【叠加】或【包络】。

状态可选择【正常使用极限状态】或【承载力极限状态】。

荷载组合用途由用户设定。在右下角荷载组合用途一栏中点击【添加】，为用途设置名称后，勾选便会设置为工况的用途。

添加的荷载组合，在和结构分析软件数据传递时，都将被有效地传递。

(4) 分析模型设置

启动【结构设置】命令，【结构设置】对话框中第四个板块为【分析模型设置】，见图 4-116。

此面板下的参数用于设置系统检查结构分析模型的容许错误等。如果勾选了【自动检查】一栏中的【构件支座】和【分析/物理模型一致性】选项，在结构模型创建和变更的过程中，当超过了【允差】中设置的某项限制时，系统会发出警告，提示用户有某项指标超过允许误差，见图 4-117。

如果不勾选，用户可以随时通过点击【分析】选项卡＞【分析模型工具】面板＞【支座】或者【一致性】来完成分析模型的检查，见图 4-118。

默认状态下，梁、支撑、结构柱等线性分析模型为三段颜色不同的线，绿色表示起点，红色表示终点，中间主体颜色各不相同。当不勾选【分析模型的可见性】一栏的【区分线性分析模型的端点】时，则分析模型线没有起点的绿色段和终点的红色段。

(5) 边界条件设置

启动【结构设置】命令，【结构设置】对话框中第五个板块为【边界条件设置】，见图 4-119。

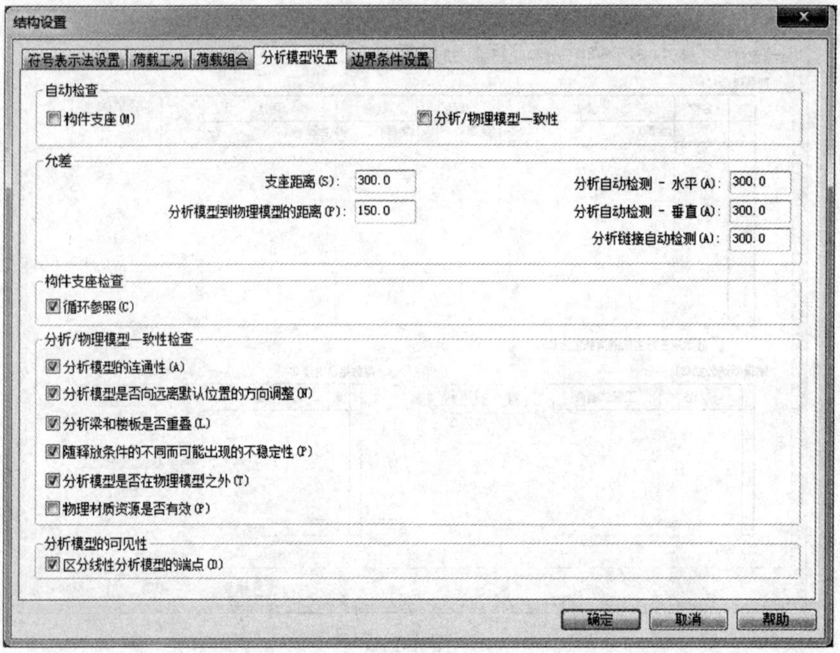

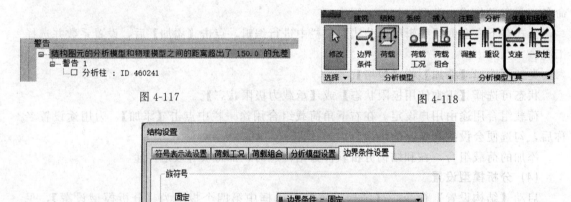

图 4-116

此面板下的参数用于设置结构边界条件的表示符号，它们所表示的族文件符号见图 4-120。

图 4-117

图 4-118

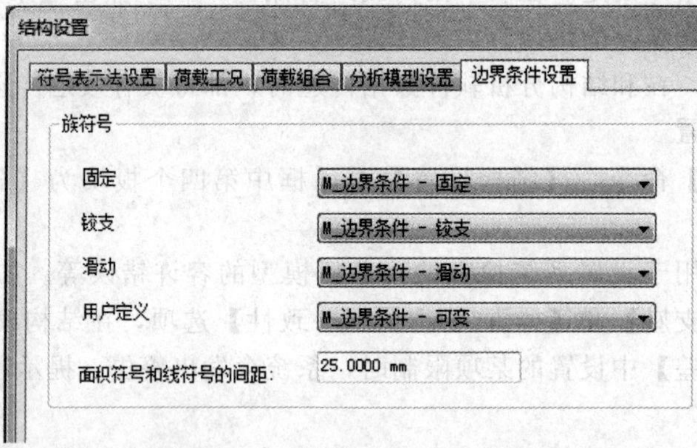

图 4-119

4.3.2 构件的分析模型

(1) 梁、支撑、结构柱的分析模型

默认状态下，梁的分析模型始终位于物理模型的顶面，见图 4-121，不会随着梁物理模型实例属性【Z 向对正】的改变而改变。如需调整梁的分析模型相对于物理模型的位置，可

固定

铰支

滑动

用户定义

图 4-120

选中梁的分析模型，在【属性】面板中【分析平差】一栏中，默认对齐方式为【自动检测】，见图 4-122，其余选项不可编辑。将对齐方式改为【投影】，即可设置起点和终点对齐方式。

在属性栏【释放/杆件力】中可以设置梁端的约束，程序自动进行了设置，用户可根据需要进行更改。可设置为三种特定的约束：固定、铰支和弯矩。也可设置为【用户定义】由自己进行设置。

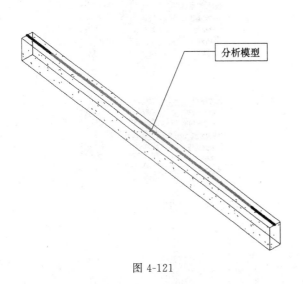

分析模型

图 4-121

分析平差	
起点对齐方法	自动检测
起点 Y 方向投影	定位线
起点 Z 方向投影	定位线
终点对齐方法	自动检测
终点 Y 方向投影	定位线
终点 Z 方向投影	定位线
释放/杆件力	
起点约束释放	用户定义
起点 Fx	☐
起点 Fy	☐
起点 Fz	☐
起点 Mx	☐
起点 My	☑
起点 Mz	☑
终点约束释放	铰支
终点 Fx	☐
终点 Fy	☐
终点 Fz	☐
终点 Mx	☑
终点 My	☑
终点 Mz	☑
构件力	编辑...

图 4-122

【分析链接】可以创建连接两个分析节点的链杆，来连接两个分离的分析节点，例如连接偏移柱或梁。选择【是】后，程序会为梁创建链杆。见图 4-123。

属性	
分析梁 (1)	编辑类型
分析模型	
分析为	重力
分析链接	是

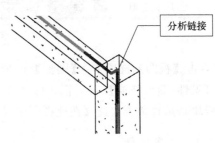

分析链接

图 4-123

梁分析模型相对于物理模型的位置，对梁的物理模型没有影响，但它会影响传递到结构分析软件中的模型，以 Robot Structure Analysis 为例，默认状态下，Revit 中的梁分析模型会被当作分析软件中梁的中心线传递。

选中梁的分析模型时，在功能区面板会出现和结构分析模型相关的按钮，见图 4-124。

点击【高亮显示物理特性】，将会高亮显示物理模型的特性，点击【禁用分析】，该构件的分析模型将被移除，此构件将不作为结构构件传递到结构分析软件中。

图 4-124

如果需要启用该分析模型，只需要选中梁的物理模型，在【属性】面板【结构】一栏中勾选【启动分析模型】即可。

支撑和结构柱的分析模型与梁类似，在此不再赘述。

(2) 板的分析模型

默认情况下，板的分析模型位于物理模型的顶面，见图 4-125，可通过【属性】面板中【分析平差】一栏的修改进行调整，见图 4-126。此外，【属性】面板【分析模型】一栏中的【分析为】是用于指定穿过楼板或屋顶板到其支撑的荷载传输，包含单向和双向两种。

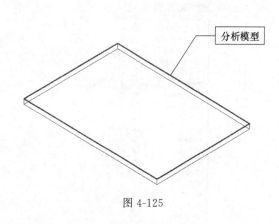

图 4-125

图 4-126

4.3.3　分析模型显示控制

分析模型的可见性控制方法有以下两种。

① 点击视图控制栏中的【显示分析模型/隐藏分析模型】，见图 4-127。

图 4-127

② 点击【视图】选项卡＞【图形】面板＞【可见性/图形】，快捷键 "VV"，打开任一视图的【可见性/图形替换】对话框，此处在三维视图中打开，见图 4-128，选择【分析模型类别】板块，选择是否勾选【在此视图中显示分析模型类别】。

4.3.4　边界条件

Revit 提供了固定、铰支、滑动和用户自定义四种边界条件，用户不仅可以通过选中结构构件，为构件设置约束释放条件，还可以直接为构件添加边界条件。

点击【分析】选项卡＞【分析模型】面板＞【边界条件】，见图 4-129。进入放置边界条件模式，可以选择【点】【线】【面】三种方式放置边界。

图 4-128

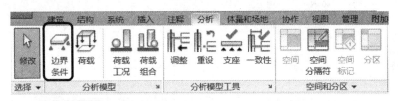

图 4-129

4.3.5 结构荷载

结构荷载命令：【分析】选项卡＞【分析模型】面板＞【荷载】，见图 4-130。

快捷键：LD

图 4-130

、 启动【荷载】命令，进入放置荷载模式，在【荷载】面板上可以选择要添加的荷载类型，包括点荷载、线荷载、面荷载、主体点荷载、主体线荷载和主体面荷载六种类型，见图 4-131。下文将分别介绍各类型的特性和应用技巧。

图 4-131

(1) 点荷载

点击【修改|放置荷载】选项卡＞【荷载】面板＞【点荷载】。设置【属性】面板中的实

例参数，见图4-132。在【属性】面板点击【编辑类型】，弹出【类型属性】对话框，见图4-133，可以修改或添加点荷载的表示符号，例如，力和力矩箭头符号形状、大小、显示比例等。

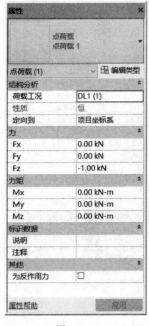

图 4-132

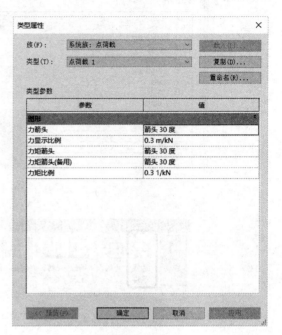

图 4-133

属性栏中参数说明如下。

① 荷载工况：用于指定要应用的荷载工况，可以在前面提到的【结构设置】中【荷载工况】板块添加。

② 性质：用于显示荷载工况类型，如恒荷载、活荷载等，此参数只读不可修改。

③ 定向到：选择要用来定向荷载的坐标系。包含【项目坐标系】和【工作平面】两个选项，项目指定项目的全局 xyz 坐标，工作平面指定当前工作平面的 xyz 坐标。

④ Fx、Fy、Fz：用于指定在 x 轴、y 轴和 z 轴方向上应用到点的力。

⑤ Mx、My、Mz：用于指定关于点的 x 轴、y 轴和 z 轴应用的力矩。

⑥ 为反作用力：用于指定荷载为反作用力并成为"内部荷载"类别的一部分。

注意

三个方向的力和力矩会被合成一个力和一个力矩在绘图区显示。

属性面板参数设置完成后，在项目浏览器中双击进入分析模型，在绘图区选择适当位置放置荷载。

主体点荷载和点荷载的参数设置基本相同，只是定位到的位置有所不同。点击【主体点荷载】命令，【状态栏】提示【拾取分析梁、支撑或柱的端点以创建点荷载】。主体点荷载需要附着在分析梁、支撑或柱等线形构件的端点上，而点荷载可以放置在任意位置，不需要附着在构件上。

(2) 线荷载

点击【修改 | 放置荷载】选项卡＞【荷载】面板＞【线荷载】，功能区出现【绘制】面板。

属性面板中的参数设置和线荷载大致相同,不同的是线荷载多了【均布负荷】和【投影荷载】两个参数。当勾选了【均布负荷】时,仅可输入起点力的大小和弯矩;当不勾选【均布负荷】时,可同时改变起点和终点的大小,两者的区别见图4-134。

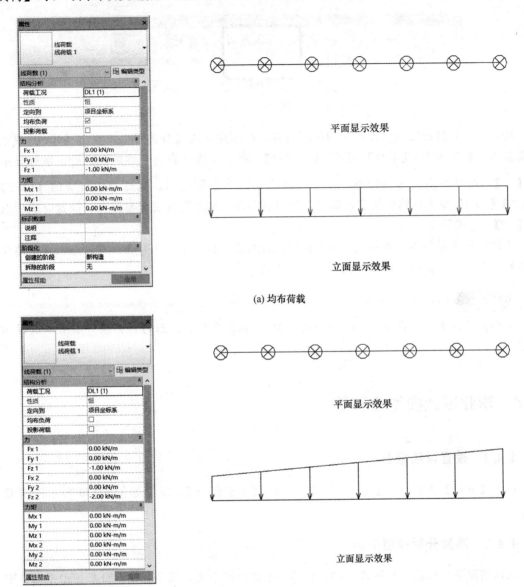

(a) 均布荷载

(b) 非均布荷载

图 4-134

【主体线荷载】命令,输入荷载时需要选择附着线荷载的构件,通过拾取分析梁、支撑、柱或拾取分析墙、楼板、基础的边来创建线荷载。其他参数设置和普通线荷载相同,此处不再赘述。

(3) 面荷载

点击【修改|放置荷载】选项卡>【荷载】面板>【面荷载】,进入创建面荷载边界模式,在属性面板设置面荷载的参数,点击【编辑类型】,在【类型属性】对话框中可以设置面荷载的表示符号。

设置完成后，点击【修改|创建面荷载边界】选项卡>【绘制】面板>绘制工具，见图4-135，在绘图区绘制面荷载边界，点击【✔】完成绘制。在 Revit 中，不同性质的荷载颜色各不相同，例如，恒荷载用紫色表示，活荷载用橘黄色表示。

图 4-135

用户可以通过参照点来设置非均布面荷载，在创建完成荷载边界后，点击【修改|创建面荷载边界】选项卡>【工具】面板>【参照点】，将鼠标移动到边界线的顶点处，鼠标显示为【🖑】，此时点击鼠标选中参照点，当选中第二个参照点时，属性栏中对应的【Fx 2】【Fy 2】【Fz 2】变为可编辑状态，第三个参照点同理。最多设置三个参照点，设置完成后点击【✔】，完成创建。

主体面荷载是将指定的荷载放置在选定的楼板或结构墙上，为均布荷载。点击【主体面荷载】命令，通过拾取分析楼板或墙来创建面荷载。

💡 提示

本毕业设计中，荷载在 Robot 中进行添加。Revit 中荷载添加的具体操作本书不做详细介绍。

4.4 毕业设计模型的调整

4.4.1 设置荷载组合

点击【分析】选项卡>【分析模型】面板>【荷载组合】，设置如图4-136所示的荷载组合。

4.4.2 添加分析模型平面

默认情况下，标高1和标高2的分析模型平面已经生成，其余标高的分析模型平面并未生成。因此需要创建对应的分析模型平面。在分析模型平面中，只显示该平面的分析模型，可以在其中进行分析模型的设置、调整以及荷载的添加等。

首先，将【标高1-分析】和【标高2-分析】重新命名为相对应标高，即【-1.8-分析】【-1.2-分析】。其次，为其余标高创建分析模型平面。在项目浏览器中，右键点击标高，在弹出的对话框中依次点击选择【复制视图】>【复制】，见图4-137。此时生成【-0.6】的复制标高【-0.6 副本1】，重命名【-0.6 副本1】为【-0.6-分析】。

右击【-0.6-分析】，在弹出的对话框中点击选择【应用样板属性】，打开【应用视图样板】对话框，见图4-138。在【视图样板】一栏中，选择规程过滤器为【全部】，【视图类型过滤器】为【楼层、结构、面积平面】，【名称】为【单独结构分析】，点击【确认】完成

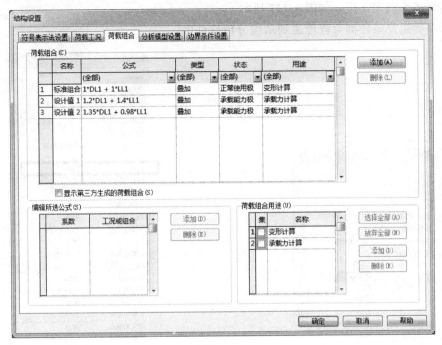

图 4-136

设置。【−0.6−分析】即为【−0.6】的分析模型平面。

图 4-137   图 4-138

4.4.3　添加边界条件

进行结构分析时，柱下端按照刚节点考虑。因此需要在柱下端添加固定支座。

点击【分析】选项卡＞【分析模型】面板＞【边界条件】。以【点】的方式进行放置，在【属性】面板【结构分析】一栏中选择【状态】类型，即选择边界条件类型，见图 4-139。当选择为【用户】时，可分别对平动和转动 6 个参数设置不同的约束释放，见图 4-140。

在【状态】一栏中选择【固定】，进入三维分析视图，然后在绘图区将鼠标移动到分析柱的端点，此时分析柱的端点会高亮显示，点击即可添加边界条件。按此方法，将所有分析柱的下端设置为固定支座，如图 4-141 所示。

所添加的边界条件都会被传递到结构分析软件中。

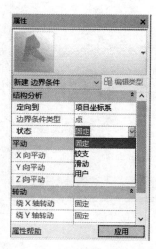

图 4-139

图 4-140

4.4.4 设置杆端约束

在本项目中，将次梁梁端的约束设置为铰接。选中次梁，在属性栏【释放/杆件力】中将梁端的约束释放都设置为铰支，见图 4-142。

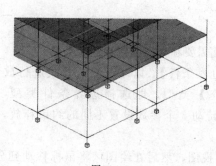

图 4-141

图 4-142

4.5 从 Revit 到 Robot 的数据转换

在安装 Autodesk Robot Structural Analysis 软件之后，点击【分析】选项卡＞【结构分析】面板＞【Robot Structural Analysis】，在下拉菜单中选择【Robot Structural Analysis 链接】，弹出【与 Robot Structural Analysis 集成】对话框，见图 4-143。

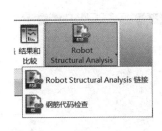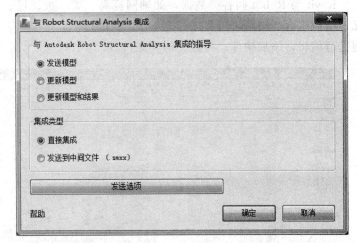

图 4-143

【与 Robot Structural Analysis 集成的指导】中，选择发送模型。各选项的意义如下：

发送模型，将 Revit 模型发送到 Robot。

更新模型，在 Robot 中进行更改后，更新 Revit 模型。

更新模型和结果，在 Robot 中进行更改后，更新 Revit 模型和结果。

【集成类型】中，选项含义如下：

直接集成，将 Revit 模型直接发送到 Robot。

发送到中间文件（.smxx），将 Revit 模型发送到扩展名为 .smxx 的文件中。该文件可

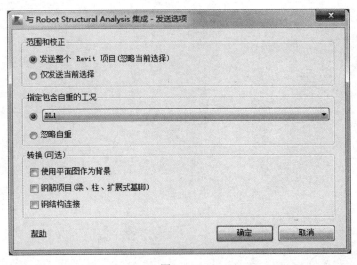

图 4-144

使用 Robot 或 Revit 进行集成，发送和更新模型。

点击【发送选项】按钮，将打开【与 Robot Structural Analysis 集成-发送选项】对话框，见图 4-144。

设置完成后，点击【与 Robot Structural Analysis 集成】对话框中的【确定】，进行发送，会出现【发送模型到 Robot Structural Analysis】窗口，显示出向 Robot 发送分析模型的进程。Robot 会自行启动。见图 4-145。

Revit 与 Robot 间各类数据，如轴网标高、梁、板、柱、墙、基础、门窗洞口、荷载工况、荷载组合、材料、边界条件等，都能有效传递。用户在 Robot 中，可以继续对分析模型进行编辑，添加构件、荷载、边界条件等。

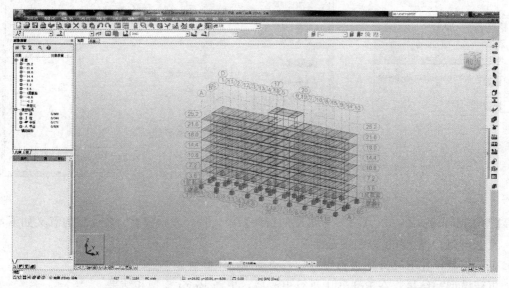

图 4-145

第5章

基于Robot Structural Analysis 软件的三维结构分析与设计

在 BIM 的核心建模软件中，目前得到广泛应用的是来自 Autodesk 公司的 Revit 系列软件，但是结构工程领域 Revit 只是作为一个结构内容的承载、管理平台，它并不能进行专业化的结构分析计算，需要借助第三方的结构软件如 PKPM、盈建科、广厦、ETABS、SAP2000 等进行力学分析计算。但是这些第三方软件在与 Revit 的数据交换中会出现信息丢失、失准等问题，导致不能很好地完成工程设计。

为了推动以 Revit 为基础的结构分析，2008 年 Autodesk 公司收购法国的 Robotbat 结构分析软件，进而整合开发 Autodesk Robot Structural Analysis 作为 Autodesk 公司 BIM 系列的专业结构分析设计软件。图 5-1 示意了 Revit 模型与 Robot 模型可以随意互导。

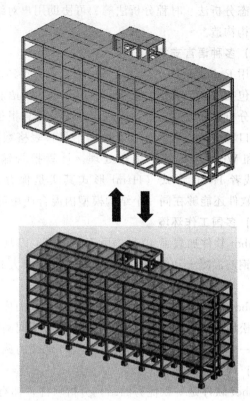

图 5-1

5.1 Robot Structural Analysis 基本知识

5.1.1 Robot Structural Analysis 软件介绍

Autodesk Robot Structural Analysis 是一个基于有限元理论的结构分析软件，软件提供面向建筑、桥梁、土木和其他专业结构的高级结构分析功能，极大扩展了面向结构工程的建筑信息模型（BIM）。利用庞大的设计规范库，用户能够更加无缝地对复杂的国内外项目进行分析。

目前，国内 BIM 应用的发展呈现出以下五大趋势：一是从标志性建筑项目转向普通商业/住宅建筑项目；二是由大中型城市向中小城市铺开；三是从只专注设计领域向规划、设计、施工一体化延伸；四是运作思维从使用单一产品向综合多软件在同一平台协同运作转变；五是应用形式从只使用桌面软件产品转向结合云端及移动端软件产品整合使用。

5.1.2 Robot Structural Analysis 软件优势

(1) 多元的结构分析

Robot 软件可以进行常规的静态线性分析，也可实现对多种类型的非线性进行简化且高效的分析，包括重力二阶效应（即 P-delta）分析、单项受拉/受压单元分析、缆索单元分析和塑性铰分析。Robot 软件也拥有比较先进的结构动态分析工具和高级快速动态解算器，这种解算器可以帮助用户轻松地对任何规模的结构进行动态分析，动态分析方法包括反应谱法、模态分析法、时程分析法等。可协助用户对结构进行快速优化并且重新分析，从而达到不同结构构造。

（2）多种语言支持

利用 Robot 软件在全球市场中的竞争力。Robot 软件为不同国家的设计团队提供多语言支持，包括中文、英语、法语、西班牙语、俄语和日语。能够以一种地区语言进行界面操作和结构分析，而以另一种语言输出结果及计算报告，从而提供了极大的方便和灵活性。可以独立窗口和表格查看部分或者整体结果，表格数据根据各种特性进行快速筛选，并输出到Excel 和 Word 进行数据编辑处理。计算报告输出也可以用户自定义，输出格式可以是Word 或者 Html 形式（Html 形式其实是保存在自己电脑硬盘上的网页版本）。另外，Robot 软件还能够在同一个结构模型内混合使用英制和公制单位，以适应不同的环境要求。

（3）多国工作环境

Robot 软件加载了 40 种国际钢结构规范以及 30 个钢筋混凝土结构设计规范，以及它们集成的钢筋混凝土和钢结构设计模块，能够极大简化设计流程，并帮助工程师挑选和验证结构图元。

Robot 软件包含 60 余种材料数据库和截面库，其中的资源来自世界各地，以便于用户能够轻松地完成国际项目。利用 70 个针对不同国家/地区的内置设计规范，结构工程师们能够在同一个集成的模型内使用特定国家/地区的截面形状、单位以及当地的建筑和结构规范。

（4）网格生成技术

Robot 软件是一款优秀的结构分析软件，拥有强大的网格生成技术，这种技术帮助用户能够轻松地处理最复杂的模型。自动网格定义工具可以使用户手动操作网格并对其进行细微改进，增加发散点，并且能够对任何形状和尺寸的模型开口周围划分网格。该软件包含多种网格工具，使用户能够在几乎任何形状的结构上快速地创建高质量有限元网格。

（5）与 Autodesk Revit Structure 建立双向链接

利用 Autodesk Revit Structure 进行 3D 建模，利用 Robot Structural Analysis 软件进行结构分析。Autodesk Robot Structural Analysis Professional 与 Autodesk Revit Structure 软件可以双向集成。利用 Revit Extensions（即速博插件）建立分析链接，能够很好地使Robot 与 Revit 系列核心模型相结合，在两款软件之间进行无缝地导入和导出结构模型，避免了与第三方分析软件对接过程中可能遇到的各种问题。双向链接使结构分析与设计结果更加精确，这些结果在整个建筑信息模型中可以互相更新，以制作协调一致的施工进程。

5.1.3 Robot Structural Analysis 国内应用

（1）成功案例

如表 5-1 所示，Robot 软件参与的工程。

表 5-1　Robot 软件参与工程

项目名称	竣工时间	工程特点	BIM 主要应用阶段
国家游泳中心水立方	2008.01.28	大型场馆	钢结构设计
上海世博会奥地利馆	2009.09	工期短,大型展馆,结构复杂	设计阶段
昆明长水国际机场	2010.06.25	交通枢纽	机电设备安装、4D 管理运维
辛亥革命博物馆	2011.09	大型展馆	不规则的螺栓上升

项目名称	竣工时间	工程特点	BIM 主要应用阶段
银河 SOHO	2012.12	超高层	提效节能,智能管理
青岛国际啤酒城购物中心	2015.08.10	大型购物中心	施工质量
上海中心	2016.03.12	超高层	设计阶段、幕墙安装
江苏大剧院	2016	剧院建筑	一体化原创设计
中国尊	2018	超高层	可施工性分析

(2) 应用障碍分析

① 教程稀缺　随着 BIM 的不断推广应用,全国范围内从施工单位到设计院,都在加紧成立 BIM 研究班。在这种形式下,Robot 软件的教程和说明却屈指可数,这给应用此软件的结构工程师带来很大麻烦。因此 Robot 软件在国内建筑工程领域的运用还有待完善,其计算结果的可靠性和合理性有待检验。

② 规范落后　本行业势必需要与国家的规范与时俱进,无论教科书还是软件,都要定期更新改版,而 Robot 软件在这一点做得确实不尽如人意,如图 5-2 所示。

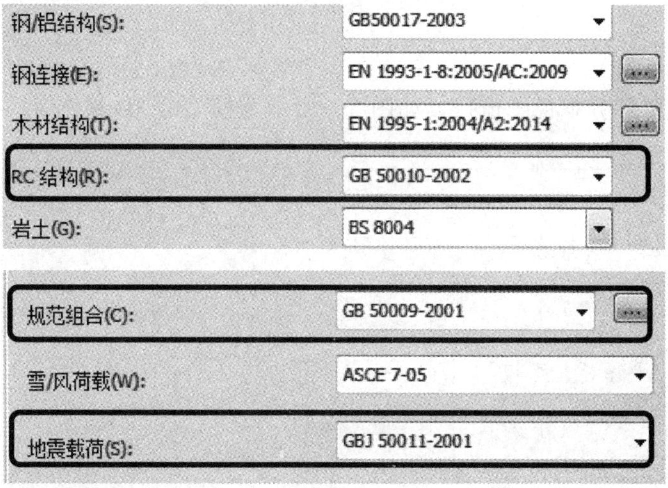

钢/铝结构(S):	GB50017-2003
钢连接(E):	EN 1993-1-8:2005/AC:2009
木材结构(T):	EN 1995-1:2004/A2:2014
RC 结构(R):	GB 50010-2002
岩土(G):	BS 8004
规范组合(C):	GB 50009-2001
雪/风荷载(W):	ASCE 7-05
地震载荷(S):	GBJ 50011-2001

图 5-2

上述对话框中,软件中的规范没有及时更新,例如"RC 结构(R)GB 50010—2002"在中国已经更新到 GB 50010—2010《混凝土结构设计规范》(以下简称《混凝土规范》);"规范组合 GB 50009—2001"在中国已经更新到 GB 50009—2010《建筑结构荷载规范》(以下简称《荷载规范》);"地震荷载 GBJ 50011—2001"(软件翻译问题,因为没有 GBJ 50011)已经更新到 GB 50011—2010《建筑抗震设计规范》(以下简称《抗震规范》),导致软件不能完全契合现有的规范进行结构的分析。

5.1.4　Robot Structural Analysis 软件用户界面

点击█图标,打开 Robot Structural Analysis 软件,开始新建一个工程。在【新建工程】一行中,可以选择打开用户想要的建筑类型。如果有已经存在的工程,可以点击【工程】下的【打开工程】。

当 Robot 首次打开一个已存在工程，用户看到的即为用户界面，如图 5-3 所示用户界面的主要部分如下。

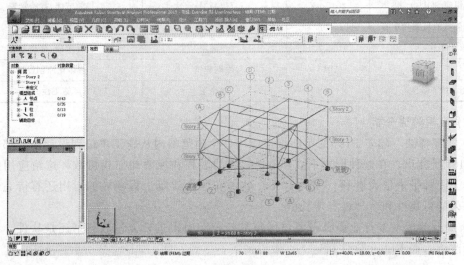

图 5-3

(1) 工程视图窗口

用户界面中主要部分是视图窗口，如图 5-4 所示为模型的 3D 视图。

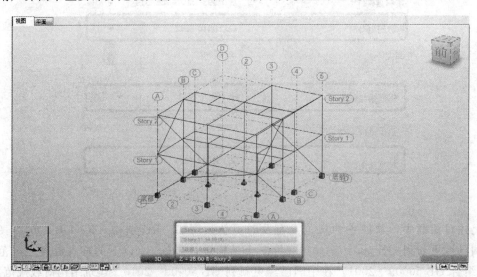

图 5-4

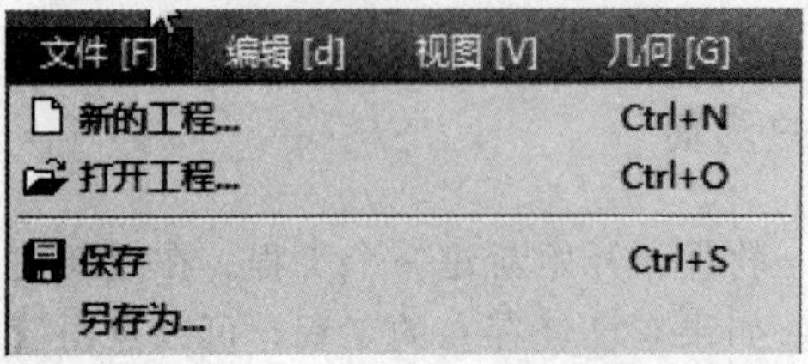

(2) 文件菜单栏

本章中会通过"/"表示下一步的步骤，如图 5-5 所示为【文件菜单】的一部分。例如：【文件/新的工程】表示【文件】的子菜单中的【新的工程】。

(3) 标准工具栏

如图 5-6 所示为【标准工具栏】。

图 5-5

图 5-6

工具栏包括以下几部分。

① 标准工具：如图 5-7 所示。

图 5-7

从左到右依次：

📄 新的工程：关闭当前工程，新建一个工程。

📂 打开工程：关闭当前工程，打开一个已存在的不同工程。

💾 保存工程：保存当前工程，【保存】只有通过【文件菜单】才可以实现。

🖨 打印：发送当前视图到打印机。

📖 输出选择：当开始输出计算书时，选择是否输出包含在分析和设计计算里的数据。

🔍 打印预览：代表用户预览将要被打印的文件。

📷 屏幕捕捉：不仅可以捕捉构件、结果视图，而且可以随着新的结果或者模型重新配置而自动更新。

📋📋 复制和粘贴：复制所选的截面并放入粘贴板中、在光标位置插入粘贴板内容。

↶↷ 撤销和重做：撤销上一个编辑项、重复上一个操作。

② 计算管理工具：如图 5-8 所示。

从左至右依次：

图 5-8

🖩 计算：依照选定的参数进行运算。

📊 分析参数：打开荷载类型对话框，配置每个荷载工况或荷载组合的参数。

🔒 结果冻结：冻结/解冻结构模型的更改。

③ 视图控制工具：如图 5-9 所示。

从左至右依次：

图 5-9

🔍 缩放范围：指定一个窗口区域进行缩放。

🔍 全图：点击后切换结构模型大小，使界面显示所有的结构视图。

🔄 旋转、缩放、视图平移：根据光标的当前位置进行结构的多功能修改。

✋ 重画：一般不常用，但可刷新视图，尤其结果视图或者详细的结果视图。

④ 附加工具栏：如图 5-10 所示。

从左至右依次：

📐 编辑：打开编辑工具栏，进行内部选项的操作，例如复制、平移等功能选项。

有限元网格生成的选项：打开网格工具栏，进行网格划分。

视图：打开视图工具栏，对结构浏览进行不同角度的切换。

工具：打开工具选项，选择常规工具，例如计算器、首选项等。

对象管理对话框：显示/隐藏对象管理对话框，其中包括结构模型的列表和特性。

⑤ 布置：如图 5-11 所示。

【布置选择】放置在标准工具栏的最右侧，能够帮助用户快速选择特定的菜单或者对话框，在后面的结果预览中，对混凝土结构设计和钢结构设计十分有效。

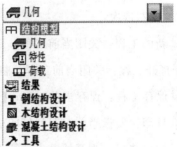

图 5-10

图 5-11

(4) 选择工具栏

选择工具栏在标准工具栏的下方，如图 5-12 所示。

图 5-12

从左至右依次：

节点选择器：打开节点选择对话框，用于同一类别节点的快速选择。

杆件选择器：打开选择对话框，快速选择杆、平面或者对象。

特别的选择。

在新窗口中编辑：可以将部分结构孤立，对其进行编辑和结果预览。

当选中某些构件或节点，点击此按钮，则会打开只包含选中部分的新窗口。

1：DL1 工况和荷载组合选择器：进行结果预览时，选择不同荷载工况下的力。

结构类型选择器。

5.1.5 视图显示及导航

(1) 显示选项

① 显示开关。工程视图底部存在显示信息开关，如图 5-13 所示。可以通过开关快速切换显示的内容。

图 5-13

由左至右依次：

前三个按钮开关显示元素

的号：节点号、杆号、板号。

 这 4 个按钮开关显示图形信息：支撑符号、截面形状、局部坐标、面板内部。

这两个按钮控制荷载的可见性：荷载符号、荷载值描述。

显示计算模型（有限元）的网格。

② 显示选项对话框。如图 5-14 所示。

图 5-14

a. 打开方式。方式一：工程环境中单击鼠标右键，选择【显示】菜单。

方式二：通过【视图/菜单】选择，显示菜单。

b. 选择对话框。该对话框拥有大量配置选项，读者可自行操作，通过观察工程视图中的变化来了解各选项的内容。

（2）视图导航

① 鼠标中键模型导航　基本的视图导航操作由鼠标中键（即滑轮）完成，要点如下。

a. 平移：按下中间滑轮，拖动鼠标。

b. 缩放：前后旋转鼠标中间滑轮。

c. 旋转：按下 "Shift" 键和鼠标中滑轮或者右键，移动鼠标。

② View Cube　另一种常用旋转方法是：点击视图右上方的【View Cube】 ，通过点击热区，来进行视图的旋转。

③ 工程整体坐标系工具　单击左下方的 ，将打开视图对话框，如图 5-15 所示。

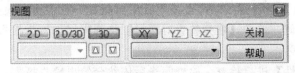

图 5-15

如果用户的工作环境是 2D 平面图，则可通过上述对话框来调整所想要的平面。选择 3D 则给用户典型的 3D 视图；选择 2D，通过后面的【XY/YZ/XZ】和【高度】可以确定平面的方向。

5.2　Robot 结构分析流程

总体上说，Revit 导入 Robot 后进行的结构分析及计算，可以概括为以下流程图，如图 5-16 所示。

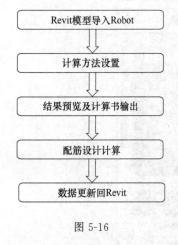

图 5-16

5.2.1　Revit 模型导入 Robot

本书 4.5 已经讲解关于 Revit 导入 Robot 中的知识，此处从 Robot 角度介绍关于 Revit 模型导入 Robot 的注意事项。

(1) 速博插件

下面简单介绍一下速博插件 Extensions，其对于 Revit 起到很大作用。Revit 特点是建立模型很有优势，但是缺乏分析功能，速博插件对这一缺点进行了弥补。用户下载完毕 Revit 并安装成功后，需要继续下载与 Revit 相同版本的速博插件，点击安装，速博插件将直接自动寻找 Revit 目录进行安装。

两者安装完毕后，点击启动 Revit，进入界面，注意最上方的菜单栏，发现多处一个选项 管理　Extensions　修改，介于管理和修改菜单之间，点击速博插件 Extensions，展开子菜单如图 5-17 所示。

图 5-17

(2) 发送前数据检查

打开 Revit 实例模型，此处举一个例子，如图 5-18 所示。

① 设置允差、模型一致性检查　模型传输之前需要进行数据检查，首先是设置允差、模型一致性检查。Revit 功能面板，通过【分析/分析模型】打开结构设置对话框，如图 5-19 所示，切换到【分析模型设置】标签。

【允差】选项，用户可根据自己所需设置合适的允差数值，以满足工程需要。【分析/物理模型一致性检查】勾选的选项也根据用户自定义，建议全部勾选。

② 支座、一致性检查　需要分别进行支座和一致性检查，在功能面板【分析】菜单下的【分析模型工具】框内存在【支座】与【一致性】选项，如图 5-20 所示。

首先点击【支座】进行检查，检查完毕后在界面右下方将给出检查报告，如图 5-21 所示。在警告对话框右侧，单击【展开警告对话框】将弹出详细警告报告，根据警告内容对模型进行修改。

然后点击【一致性】进行检查，检查完毕后依然会给出警告报告，与上述报告类似，根

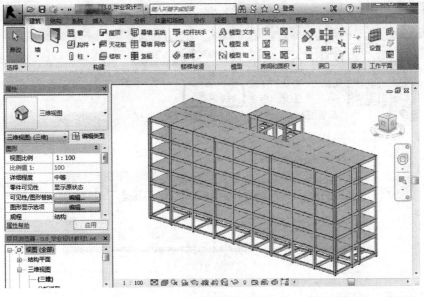

图 5-18

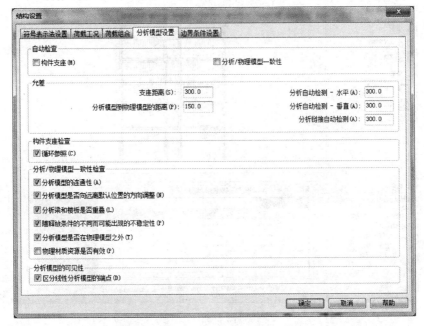

图 5-19

据报告内容进行修改即可。

③ 荷载传递检查　模型导入前需要进行检查，荷载传递的检查很重要，通过速博插件提供的分析模块，进入到荷载传递界面，检查结构的几何、约束、荷载工况和组合等基本结构分析模型设置，这有利于减少传递过程中出现的重大错误。

例如，选择结构模型中某榀框架，点击 Extensions（速博插件），选择分析中的【框架静定分析】，弹出框架静定计算对话框，指定包含自重的工况，选择【DL1】即可；点击【确定】，则弹出如图 5-22 所示的框架静定分析界面。

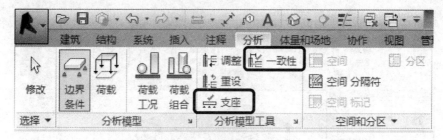

图 5-20

图 5-21

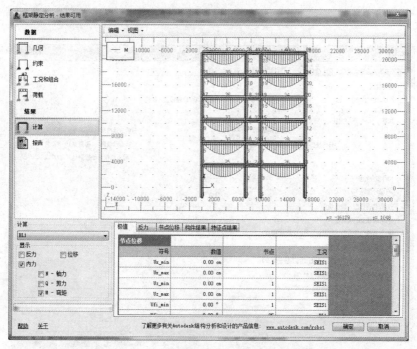

图 5-22

该对话框,数据包括几何、约束、工况和组合、荷载。点击【计算】即可查看所选结构的计算结果。

(3) 发送模型数据至 Robot 中

Revit 中检查完毕后,则准备发送模型,点击 Revit 菜单栏的【分析】,在展开的子菜单最右侧寻找如图 5-23 所示 Robot 链接截图。通过该截图进行数据的传送。

点击【Robot Structural Analysis 链接】弹出

图 5-23

如图 5-24 所示对话框。该对话框是 Revit 与 Robot 模型互导的必由之路，对话框中，选择【发送模型】则实现 Revit 模型导入 Robot 软件；若选择【更新模型】则实现 Robot 模型发送回 Revit 中。

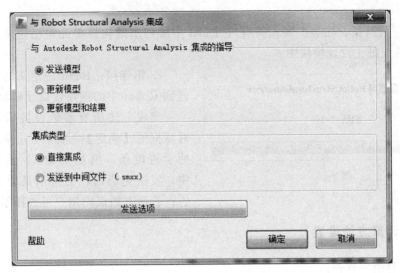

图 5-24

点击【发送选项】，将弹出发送选项对话框如图 5-25 所示，包括三个选项：范围和校正、指定包含自重的工况、转换（可选）。

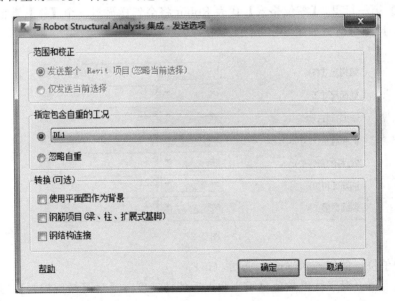

图 5-25

① 范围和校正

a. 发送整个 Revit 项目：发送整个模型到 Robot 中，忽略选择的构件。

b. 仅发送当前选择：仅当选择部分构件时，此次选型方可被激活并发送。

② 指定包含自重的工况

a. DL1 等：指定自重以何种工况考虑，建议选择将自重以恒载 DL1 考虑。

b. 忽略自重：不考虑结构自重。

③ 转换

a. 使用平面图作为背景：该项选择后，在 Revit 中作为背景的平面视图将在 Robot 中继续作为背景。

b. 钢筋项目（梁、柱、扩展式基脚）：Revit 中所列出的构件单元中已定义的钢筋，转移到 Robot 的混凝土设计模块中。

图 5-26

c. 钢连接：Revit 中定义的钢连接将发送到 Robot 中的钢连接设计模块。

完成上述所有参数设置后，点击集成对话框的【确定】，等待几分钟，如图 5-26 所示进度条。模型由 Revit 发送到 Robot 中，发送完毕后，会指示是否查看发送报告；若没有错误则用户可选择不查看。

5.2.2　计算方法设置

(1) 工作首选项设置

① 单位和格式　通过【工具/工作首选项选择】，打开【工程首选项】设置，弹出对话框。

在 Robot 软件里，通过不同类型的尺寸单位对每个工程拥有总体控制。在工程首选项【单位与格式】第一行里，【零位格式】代表 Robot 将会怎样显示一个【零】数值。

a. 尺寸。尺寸对话框如图 5-27 所示。

结构尺寸(S):	m	0.21	E
截面尺寸(E):	cm	0.1	E
截面特性(T):	cm	0.21	E
钢和连接(尺寸)(C):	mm	0.	E
RC 杆的直径(D):	mm	0.1	E
钢筋面积(R):	cm2	0.21	E
裂缝宽度(C):	mm	0.1	E

图 5-27

• 显示的单位：例如，米（m）、英寸（in）。

• 预览精度值：对于结果数值显示小数点后的精确度，通过【精度控制】的左右箭头进行精度的增减。

• 精度控制：左右箭头表示减或增显示的精度。【E】表示单位格式的改变，将变成科学计数法，例如 1.123×103。

b. 力。【工程首选项/单位和格式/力】打开力对话框，如图 5-28 所示。

弯矩：在力这部分，组合单位比较特殊，需要通过省略号按钮，对每个量进行单独配置。例如，图 5-29 所示 "kN·m" 的组合。

c. 单位编辑。【工程首选项/单位和格式/单位编辑】打开对话框，【单位编辑】可以生成自己所要的单位，这些单位基于前面设置的单位；如果在如图 5-30 所示单位编辑对话框中没有所需要的单位，可以在第一行输入单位符号，点击【添加】。

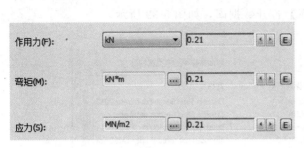

图 5-28

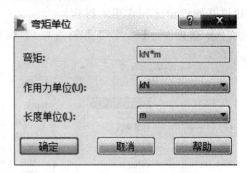

图 5-29

所有的单位以【m】【N】【kg】为基准，进行单位量的换算。例如，1in＝0.0254m。

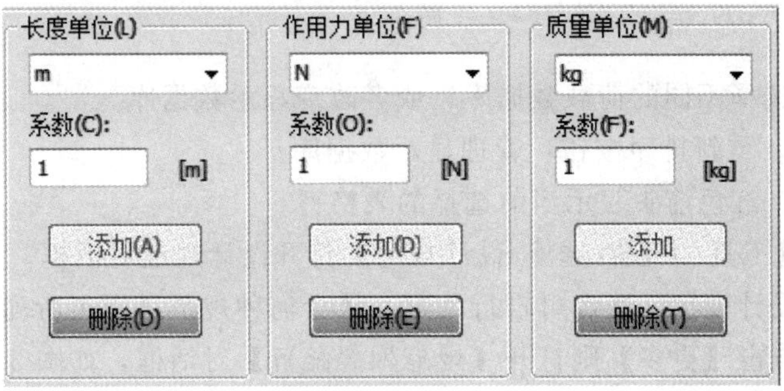

图 5-30

- 单位：手动键入一个新的单位名称，或者选择一个已存在单位进行修改。
- 系数：提供基于【m】【N】【kg】的兑换系数。
- 添加：用于添加单位，完成【单位】后点击【添加】。
- 删除：删除【单位】下拉列表里的单位。

② 材料 【工具/工程首选项/材料】打开对话框，如图 5-31 所示，前面在【首选项】中设置的【区域设置】已经决定了这里材料的默认值，但用户可以通过下拉列表进行更改。

图 5-31

a. 材质：下拉列表提供了大量的地区选择。
b. 修正：将打开【材料定义】对话框，对【材质】中所选的地区材料，例如钢、混凝土、铝等的参数进行修正。

c. 基本设定：因为随着用户采用不同材料生成杆件，这里的材料会随之被分配，所以建议开始设定比较常用的材料。

③ 数据库　【工具/工程首选项/数据库】打开数据库，如图 5-32 所示。

图 5-32

a. 数据库群：选择不同的荷载数据库，或者改变显示数据库。

b. 增加、移除、重新排序按钮：管理显示数据库。

c. 显示数据库：红色箭头表示当前选择的表格行。

④ 设计规范　【工具/工程首选项/设计规范】打开设计规范对话框，该标签设置规范用于构件规范检查和设计模型。读者可自行练习，体会何种规范适用于所列的材料，管理每种材料的规范列表，点击【更多】则打开【规范列表配置】对话框，如图 5-33 所示。

a. 规范：选择钢/铝、钢结构连接、木材、混凝土、岩土；也包括多种荷载，例如荷载组合、风/雪荷载、地震荷载。

b. 待选规范列表：基于【规范】中的可用规范列表。

c. 规范移动：添加左侧规范或者移走右侧规范。

d. 活跃规范列表：当前默认的规范被设置成黑体。

e. 设置当前值：更改当前默认选择的规范。

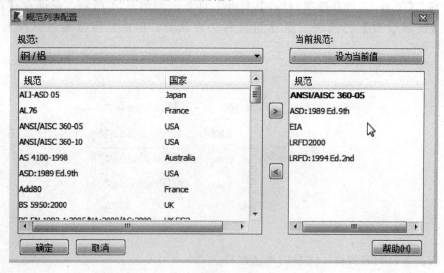

图 5-33

可以通过【规范移动】添加相应规范至"活跃规范列表"区作为备选，退回到上一级规范界面，可直接通过下拉键选择备选规范。

（2）荷载工况

通过点击视图下方的【荷载符号】按钮，每种工况将显示在模型中；也可通过打开【荷载表】来显示各构件上施加的荷载情况，方便检查和修正。

Robot 中提供了两种荷载组合方式，即手动组合和自动组合。

手动组合：可以根据不同国家规范，手动地对各工况进行组合，包括工况种类的选择、系数的选择。这种方式用于工况数量不多的情况。

自动组合：适用于组合数量较大的组合。有以下方式。

① 无/删除：删除自动组合工况（ULS、SLS、ACC）。

② 完全自动组合：各荷载工况根据组合类型（ULS、SLS、ACC）分组组合，并产生包络工况，不适用【非线性和 P-Delta】分析。

③ 简化自动组合：根据所选规则自动生成极限工况（最大力、挠度、反力）。

④ 手动组合-生成：自动生成所有组合。组合工况独立于手动定义组合。可对非线性荷载工况进行组合分析。

（3）分析类型设置

Revit 中定义的荷载工况和荷载组合已经传递到 Robot 中，而结构分析类型并没有进行设置。在 Robot 中默认的分析类型为线性静力分析，根据实际需要和不同的荷载工况，可以定义其他的分析类型，包括模态分析、时程分析等。

对于风荷载，Robot 软件有风荷载模拟，给出基本风压和风向，即可模拟风荷载生成，不需要普通的手算风荷载施加到节点。

对于地震，Robot 拥有两种基本常用方法，即地震等效侧力法和模态分析法。因为前者不含中国规范，所以一般使用后者。

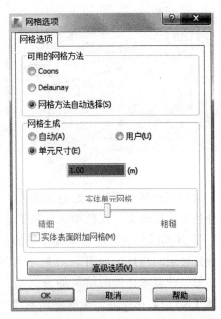

（4）网格参数设置

Robot 的重要特点之一是不论何种截面形状，都可进行网格划分。如图 5-34 所示，网格选项对话框，进行计算前的网格参数设置。

对话框所示，如果希望网格分化更具体化，可以选择一种网格分化方法，具体如下。

① Coons：产生简单的网格划分。通过将版面的对边做等量的划分并将分割体连接，可以生成如四边形和三角形等规则的网格。当遇到几何形状不规则的平面时，这个方法可能会出现问题。为了更好地控制这个选项，可以使用基本网格点来进行网格划分，可借助【基本网格点】工具，通过【几何/网格划分/基本网格点】打开对话框。

图 5-34

② Delaunay：产生复杂的网格划分。此法适用于三角形或者四边形单元的网格划分，但应尽量避免角度过锐或者过钝的三角形。三角形要尽量接近等边三角形，四边形要尽量接近正方形，这种情况下的网格划分便是理想的。这个 Delaunay 算法使来源于等边三角形和正方形的偏差最小化。

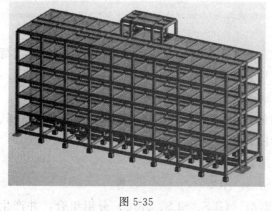

图 5-35

③ 网格方法自动选择：这是软件默认的方法。

对话框中【网格生成】分为【自动】、【用户】、【单元尺寸】。建议使用【单元尺寸】进行设定网格的尺寸，一般选择 0.5m 或者 1m 即可。如图 5-35 所示为进行网格划分后的结构模型。

还可点击【高级选项】，对有限元类型进行设置。

5.2.3 结果预览及计算书输出

(1) 结果预览

计算运行完毕，若无错误和特殊的警示，则可以进行结果预览。点击选择器，选择【结果】，分为结果-示意图、结果-彩图、详细的分析。

① 结果-示意图 点击【结果-示意图】，弹出界面，可以查看的示意图包括：作用于三方向的力、弯矩、变形、应力、反力。选择需要的选项，点击应用，则给出示意图，如图 5-36 所示为某一结构模型的 My 图。

② 结果-彩图 与示意图类似，不同之处在于，运用不同颜色代表的不同程度值，来表示力、弯矩、变形等特性。如图 5-37 所示，为以彩图的形式表示结构的弯矩图。

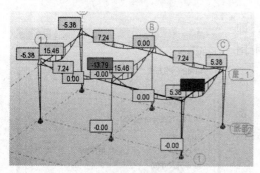

图 5-36

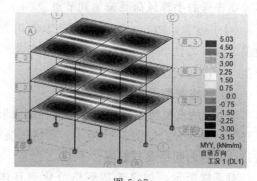

图 5-37

由图右侧颜色可知，红色为最大，紫色为最小（软件中显示颜色），平面所受弯矩应该由外往里依次变大，而色彩也反映了这一特点。

③ 详细的分析 取出某榀框架的某层梁进行分析，选择后，点击"详细的分析"，则可以观察特定的构件，如图 5-38 所示为某连续梁绕 y 轴的弯矩详细图和剪应力 τ_z。

另一种显示详细的结果的方式是，选择某单独的构件，点击右键，选择【对象特性】，选择【NTM】标签后出现的界面与【结果-示意图】类似，例如勾选 My，如图 5-39 所示详细弯矩图，可以指定显示每一点的弯矩。

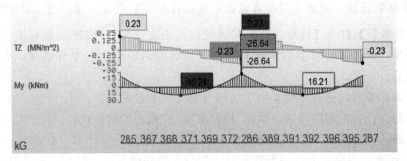

图 5-38　弯矩和应力图

（2）输出计算书

点击上部菜单栏的输出按钮 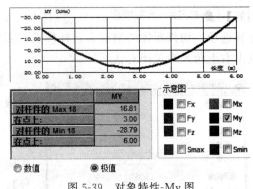，弹出对话框——【输出计算书-向导】，分为四个标签，分别为标准、屏幕捕获、模板、简单输出。【标准】下，可以对计算书的输出项进行自行选择；屏幕捕获，相当于截图；模板，概括【标准】中的选项，进行模板化的输出；简单输出，当进行某种特性输出时，可以过滤掉不需要的构件。

图 5-39　对象特性-My 图

通常情况下，建议选择【简单输出】，包含了多种情况；并且对于反力、位移、力、应力可以选择包络或者整体极值（默认为所有节点的数值，篇幅较大）。

选择完毕后，可以进行页面设置以及预览（这一点很实用）；保存的方式有 Word 和 Html。

5.2.4　配筋计算

Robot 提供两种不同的混凝土设计方法：所需钢筋和提供钢筋。【所需钢筋】推荐用于计算混凝土弯曲和剪切配筋；【提供钢筋】是一个独立模块，需要转化构件到上述模块来运行设计。

（1）所需钢筋计算

【所需钢筋】模块是为混凝土选择钢筋这一设计过程中的一部分，可以提供一个适于输出的表，这个表可以帮助设计更加流畅。【所需钢筋】的工作流程包括：首先对每个构件建立并设定构件类型标签；然后建立并设定计算选项标签。一旦完成上述两项，则可开始从计算对话框中选择相应构件进行计算。Robot 会根据沿构件长度的钢筋截面面积来计算配筋。【所需钢筋】模块的优点是快速，简便的结果包括给出所需钢筋的数量图，一个易于输出的结果表。

① 规范参数设置　首先，需要进行梁、柱的规范参数设置，通过【设计/混凝土梁柱配筋－选项/规范参数】打开混凝土构件类型对话框，也称【R/C 构件类型】。其次，点击左上角 按钮或者双击任意一个已存在的类型选项，将打开【构件类型定义】对话框，进行梁柱构件类型定义的设置，包含构件跨度、约束宽度、容许的挠度、T 形梁和计算选项等的设置。

② 计算参数设置　完成规范参数设置，进行计算参数设置，通过【设计/混凝土梁柱配筋-选项/计算参数】打开【计算参数】对话框，点击左上角 ⬜ 按钮或者双击任意一个已存在的类型选项，弹出【计算参数定义】对话框，该对话框包含三个标签项：普通、纵向钢筋、横向钢筋。

普通：该标签可以进行环境类别、结构安全等级的设置。

纵向钢筋：设置钢筋的等级、梁顶/柱和梁底/柱截面的钢筋直径、保护层厚度。

横向钢筋：设置钢筋等级、箍筋直径、肢数、间距等。

③ 运行计算　当完成上述的类型参数和规范参数的设置后，则可以准备进入计算配筋。通过【设计/混凝土梁柱理论配筋】或者通过布置选择器【混凝土结构设计/RC 构件-所需的钢筋】 ⚙ RC 构件 - 所需的钢筋　▾ 打开计算界面。界面由四部分组成，分别是视图-工况、计算选项、构件所需的钢筋表、杆件表。需要注意的是此界面中，各对话框不能简单地通过点击右上角×来关闭对话框。

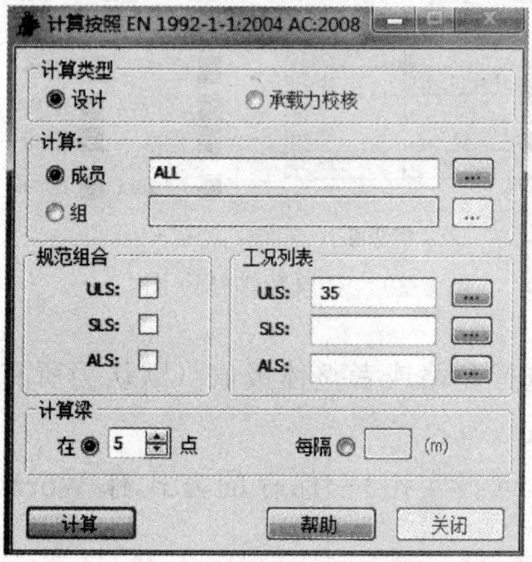

图 5-40

【视图-工况】对话框，相当于几何界面，包含了结构模型以及施加在它上面的各荷载工况。

计算选项，是这一界面启动计算的关键所在，在这一对话框中，可以选择计算的构件，若需要进行某些构件计算，则在【成员】中输入相应的【构件编号】；若要计算整个结构所有构件，则在【成员】中填入【ALL】即可。规范组合，须至少对 ULS（即承载力极限状态）进行设置，才可使计算正常运行下去。如图 5-40 所示为计算选项对话框（例中采用欧洲规范，原因后面讲）。

对话框中，有个选项为【计算梁在 x 点】，此选项是指在梁中选择计算界面的数量，如图 5-41 所示，计算点为 5 和 3 的区别。

杆件/位置 (m)		顶部理论钢筋 (My) (cm2)	顶部钢筋 - 分布 (My)
5			
5/	0.30	4.99	2#8
5/	3.15	0.0	-
5/	6.00	0.0	-
5/	8.85	0.0	-
5/	11.70	4.99	2#8

杆件/位置 (m)		顶部理论钢筋 (My) (cm2)	顶部钢筋 - 分布 (My)
5			
5/	0.30	4.99	2#8
5/	6.00	0.0	-
5/	11.70	4.99	2#8
6			
6/	0.30	4.99	2#8

图 5-41

完成计算选项的设置后，点击【计算】，计算完成后会生成计算报告；若计算准确无误则报告应该没有错误和警示。计算完毕后，"构件所需的钢筋表"会显示结果。各号杆件的顶部理论钢筋及分布、底部理论钢筋及分布、横向钢筋及类型都会显示在表里，如图 5-42 所示。理论配筋到此可以结束。

（2）提供钢筋计算

提供钢筋计算简言之是一种对单独构件进行的配筋设计计算，由于 Robot 目前不能进行基于中国混凝土结构设计规范 GB 50010 的提供钢筋计算，因此用美国或者欧洲规范替

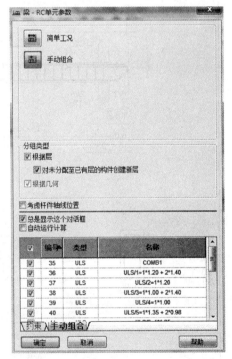

构件的所需钢筋

杆件/位置 (m)	顶部理论钢筋 (My) (cm2)	顶部钢筋 - 分布 (My)	底部理论钢筋 (My) (cm2)	底部钢筋 - 分布 (My)	横向钢筋 - 类型/分布
32/ 3.00	0.0	-	1.98	2f16	
32/ 4.30	0.87	2f16	2.70	2f16	
32/ 5.60	3.07	2f16	1.24	2f16	
33					2f6 16*12.0+11*18.0+16*12.0
33/ 0.40	3.10	2f16	1.27	2f16	
33/ 1.70	0.89	2f16	2.72	2f16	
33/ 3.00	0.0	-	1.83	2f16	

图 5-42

代。此处我们从【工程首选项】的 RC 设计规范中选择规范【EN 1992-1-1：2004 AC：2008】。钢筋的计算找到的解决办法有两个：第一，经过摸索，发现换用其他国家规范可行；第二，运用 PKPM 进行计算对比以及钢筋出图。

提供钢筋计算工作流程如下。

① RC 模型建立，荷载施加，荷载组合，运行计算并无错误。

② 选择所需设计计算的构件，点击右侧工具栏的【混凝土构件提供钢筋】按钮 。

弹出【柱-RC 单元参数】和【梁-RC 单元参数】，如图 5-43 所示。

进行参数选择，主要注意以下几点。

① 简单工况/手动组合的选择，一般选择手动组合。

② 分组类型，对于柱选择【根据层，根据几何，Column Chain】；对于梁，只选择【根据层】。

③ 梁中还需要检查约束。

④ 完成后点击【确定】，进入模块转化进程。

a. 选择构件浏览器中的构件，双击进入界面，选择右侧工具栏的【计算选项】命令 。进入【计算选项】对话框，对混凝土、钢筋（纵向、横向和附加的）的参数进行修改。完成修改后，可以自定义一个名字，即点击对话框右侧的【另存为】，输入新名字，创建新的计算选项。最后点击 OK。

b. 选择右侧工具栏【钢筋类型】命令 ，弹出【钢筋类型】对话框（对象为梁构件），对话框中包含六个标签，如图 5-44 所示。

图 5-43

图 5-44

c. 普通标签下可以设置钢筋的段数、主钢筋的最小直径、最小与最大钢筋间距等；底部钢筋可以设置钢筋的列数、钢筋层数、钢筋直径；顶部钢筋可设置钢筋层数与直径；横向钢筋设置排列类型（一般选择"不变段的间距"）、最大箍筋位置和截面；构造钢筋设置安装钢筋直径及杆件延长，约束上部钢筋，抗收缩钢筋和平移钢筋；主要设置各类型钢筋的左右弯钩。

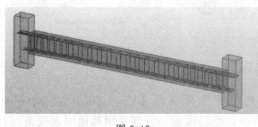

图 5-45

d. 完成设置后，点击【开始计算】。

e. 计算完成后，则提供钢筋计算基本完成，通过之前讲的，在浏览区的 5 种标签【结构】、【结构-视图】、【结构-示意图】、【结构-钢筋】、【结构-报告】。如图 5-45 所示为结构-钢筋示意图。

f. 最后可以点击右侧工具栏，查看结构的钢筋图纸。如图 5-46 所示。

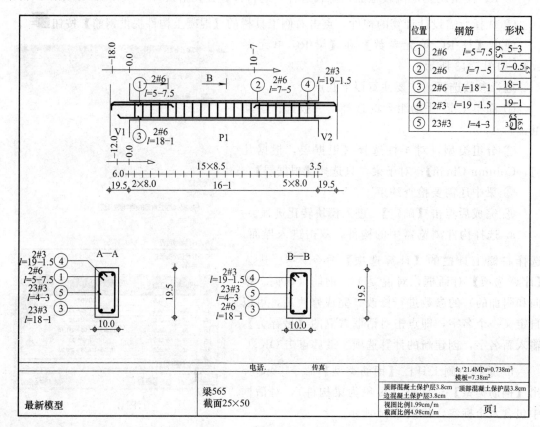

图 5-46

5.2.5 Robot 模型更新回 Revit

Robot 第二种配筋方式，中国规范无法执行，并且有的钢筋需要修改等。基于以上原因，可以将分析完毕的模型及数据导回 Revit 中。方法是，打开 Revit 点击结构分析链接中的【更新模型】，与开始的【发送模型】类似，数据进行导回，完毕后，Revit 中出现模型。对于此模型，进行钢筋的绘制。

利用速博插件，可以快速绘制钢筋，但是选择【自动生成钢筋】后发现，不符合规范要求，需要进行钢筋模板的用户自定义，然后进行自动生成配筋，这样进行的最大缺点就是耗费时间，笔者进行过六层框架的自动配筋，结果耗时 7 个小时多，才配筋完毕，这其中不包括再修改的时间。所以软件本身自动配筋耗费相当长时间。因此可以选择一榀框架或者一层进行配筋，或者单一构件，如选择需要配筋的梁或柱，进行分别配置，对话框如图 5-47 所示。

对话框有两个最主要的标签，即【钢筋】和【箍筋】，钢筋标签下，可以设定主筋的直径、数量、型号等参数，【箍筋】可以设置直径、放置方法、加密区长度及加密间距等参数；设置完成后点击【确定】，则刚才选择的构件已经完成配筋。如图 5-48 所示为柱钢筋三维模型图。

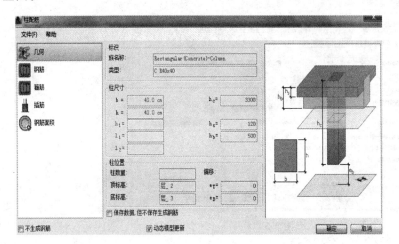

图 5-47

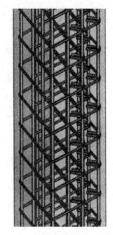

图 5-48

5.3 毕业设计模型分析

本书六层框架模型，由 Revit 导入 Robot 已经由第 4 章介绍。同时本章 5.2 节也已经介绍常规的模型由 Revit 转入 Robot 的步骤流程，读者可以进行模拟练习。下面将运用 Robot 软件对六层混凝土框架结构进行分析。

5.3.1 计算参数设置

模型导入 Robot 软件后，可以点击 Robot 菜单栏的【分析/计算】，对结构模型进行计算，本书实例由 Revit 导入 Robot，运行计算后出现如图 5-49 所示问题。

图 5-49 所示计算报告包含两个错误一个警告，在 Robot 中有时警告对结果没有影响，可以不考虑，但是错误必须解决。本书对上述错误进行如下调整，点击【工具/工作首选项选择】，弹出【工作首选项】对话框，选择材料一栏，点击右侧【修正】。将打开【材料定义】对话框，如图 5-50 所示，选择混凝土标签。

按照 Revit 软件中构件的材料特性进行修改，例如【杨氏模量】【剪切模量】。修改一致后，点击【确定】。再次对 Robot 模型运行计算，直至错误消失。

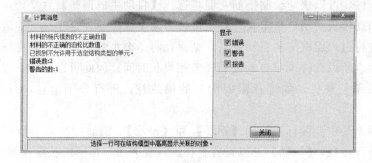

图 5-49

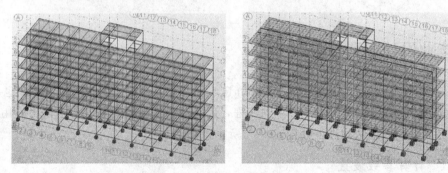

图 5-50

下一步对网格进行划分，间距为 1m，前后对比如图 5-51 所示。

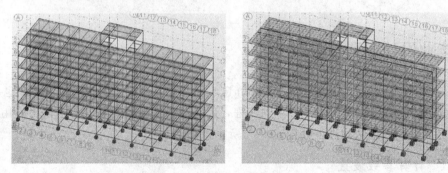

图 5-51

5.3.2　地震荷载及风荷载施加

由于 Revit 中地震荷载数据在传输中出现丢失，因此由 Robot 进行地震荷载施加；风荷载由 Robot 进行模拟。

(1) 地震荷载施加

① 定义模态分析　首先通过【分析/分析类型】打开【分析类型】对话框，选择【新建】，弹出【新的工况定义】对话框，此处我们选择【模态】，点击【确定】。如图 5-52 所示。

图 5-52

模态分析也被称为振型叠加法动力分析，是线性结构系统地震分析中的最常用而且最有效的方法。它主要的优势在于计算一组正交向量后，可以将大型整体平衡方程组缩减为相对数量较少的解耦的二阶微分方程，明显减少了用于数值求解这些方程所用的时间。

② 定义参数　上述对话框点击【确定】后，弹出【模态分析参数】对话框，如图 5-53 所示。对话框中，【方式的数】设置为【18】。

此处【方式的数】即为振型数，振型数取值与结构层数及结构形式有关，当层数较多或结构刚度突变较大时，振型数应该多取些，例如顶部有小塔楼、转换层等结构形式。对于多塔结构振型数不少于 18。所取的振型数应保证参与计算振型的有效质量≥90%，当结构的扭转不大时，参与扭转型计算的有效质量可不满足≥90%，而平动振型要求满足≥90%，当所取的振型数过多导致计算出错时，应该减少振型数。

其他参数一般按照 Robot 自动给出的即可，可点击【高级参数】进行设置。

高级参数界面中，给出【分析方式】、【方法】、【极限】、【阻尼】四类，其中分析方式选择【模态分析】，方法中存在【子空间迭代法】和【Lanczos算法（索兰斯算法）】，其中子空间迭代法计算精度高，但速度稍慢。对于小型结构，当计算振型较多或者需要计算全部结构振型时，宜采用该方法。对于普通结构计算，建议采用该方法。Lanczos 算法速度较快、精度较低。对于一般结构计算，只需要求解结构前几十个振型，需要计算振型数远小于结构的总自由度数、质点数。两者的计算结果基本相同。设置完成后，点击【确定】。

图 5-53

③ 定义地震规范　再次打开荷载类型对话框，点击【新的】，然后选择【地震】，如图 5-54 所示，选择地震规范，然后点击【确定】。

④ 定义规范参数　上述点击【确定】后，弹出【规范参数】对话框，如图 5-55 所示；在此对话框中，根据本工程特性，选择Ⅱ类场地，7 度地震强度，地震组 1 组，地震选择【重复的】。

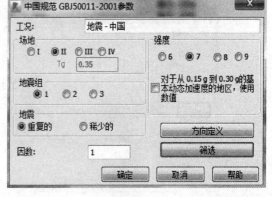

图 5-54   图 5-55

⑤ 定义组合符号   完成规范参数定义，回到【分析类型】对话框，查看上部标签栏，选择【组合符号】标签，这里展示了我们刚刚定义的中国地震工况，分为横向地震作用（X、Y 方向）和竖向地震作用（Z 方向），如图 5-56 所示，工况系统自动识别，各方向的主方式根据输入 0 即可（将按照 CQC 组合方式）。

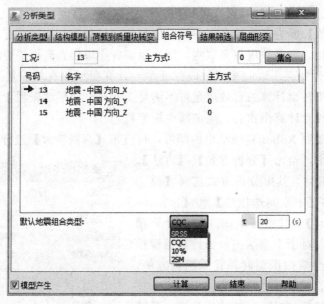

图 5-56

默认地震组合类型中提供了四种方法，即 SRSS、CQC、10％、2SM。

SRSS 法：即 square root of the sum of the squares（振型组合方法），是平方和的平方根法。该方法的基础为概率统计中的随机独立事件，要求参与数据处理的各个事件之间在统计上是完全相互独立的，不能相互关联。当结构的自振特性区别很大时，可以近似地认为这些振型是相互独立的，这就是 SRSS 方法的优势所在。当某个区间内的振型分布较为密集，耦合效应影响较为明显时，SRSS 法不再适用，必须采取特殊处理，之后与自振频率相差较大的振型使用该法进行分析。SRSS 是我国新规范推荐使用的振型组合方法之一。

CQC 法：即 complete quadratic combination，是完全二次项组合方法，其考虑到各个主振型的平方项，还考虑振型阻尼引起的临近振型之间的静态耦合效应，对于比较复杂的结构，比如考虑平扭耦联的结构使用完全二次项组合的结果比较精确。CQC方法是我国新规范推荐使用的振型组合方法之一。如果全部振型的阻尼比为零，则与SRSS法相同。

10％法：10Pct是美国原子能控制委员会控制手册1.92中所提供的"百分之十法"。这种方法假设了频率相差小于或等于较小频率10％的两个振型间完整的正耦合。模态阻尼不会对这些耦合产生影响。

2SM法：Dbl SM法也是手册中提供的"双精度求和法"。这种方法假设了所有振型间的正耦合，并且考虑了关联系数，这一系数基于与CQC法中相似的阻尼值，同时也基于地震持续时间。因此如果选择这种组合方式，需要定义地震持续时间作为分析所使用参数。

⑥ 重力荷载代表值　进行结构抗震设计时所考虑的重力荷载代表值，应该考虑结构总的自重标准值和各可变荷载组合值之和。其中恒载的系数为1，活载的系数为0.5。打开荷载类型对话框，切换到【荷载到质量块转变】。如图5-57所示，将自重按照系数为1.0转换，活载按照系数0.5转换。

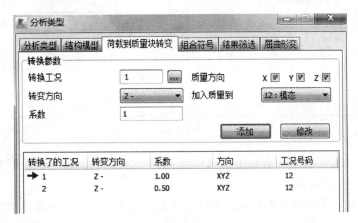

图5-57

⑦ 运行计算　完成上述设置，点击荷载类型对话框下方的【计算】，运行计算。本书实例计算完毕后出现如图5-58所示计算报告。因此按照提示，在工程首选项中修改算法，运用DSC算法。

图5-58

（2）风荷载施加

通过【荷载/风荷载模拟/生成风荷载】打开风参数对话框，如图5-59所示，分为两个标签，即常规和风配置。

常规标签下可以选择风向、风参数；其中风参数有两种标准，即风速或者基本风压。风配置标签是根据不同高度设置不同的风速系数。本书实例设置情况如图5-59所示。

设置完毕后，点击【开始】，将首先生成网格，然后进行风模拟，由于选择两个方向，因此将进行两个方向的风模拟，某一方向风模拟示意图如图5-60所示。模拟完毕后将自动

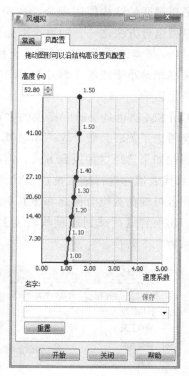

图 5-59

生成风荷载。本书实例模拟完毕后生成【风模拟 X＋ 32.85m/s（变量）】和【风模拟 Y＋ 32.85m/s（变量）】两种荷载。

Robot 风荷载，采用的方式是模拟生成，类似风洞实验，将建筑整体放入风洞，设定风速或者基本风压，进行模拟生成。

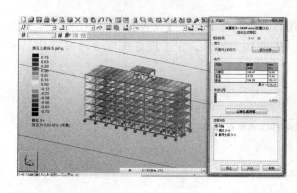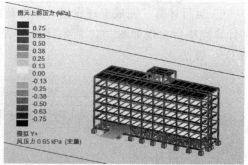

图 5-60

5.3.3 结果预览及分析

施加完地震荷载和风荷载，点击【分析/计算】，运行计算。运行完计算后，进行结果的预览及分析。

(1) 质量比分析

规范要求：根据 JGJ 3—2010《高层建筑混凝土结构技术规程》（以下简称《高层规

程》）3.5.6 条规定，楼层质量沿高度宜均匀分布，楼层质量不宜大于相邻下部楼层质量的 1.5 倍。

Robot 中，点击【结果/层表】，查看楼层质量，层表底部包括【层】【数值】【位移】【简化的力】【合计】共 5 个标签。该部分我们只用到【数值】标签，切换至【数值】标签显示：楼层名称、楼层质量、重心 G、刚度中心 R、惯性矩 I 等信息。层表数值如图 5-61 所示。其中，软件所定义的楼层并不一定是用户需要的标准楼层，例如本例定义的基础梁所在层，不是一个标准楼层，所以【层 _2 ～ 层 _7】为实际标准层。

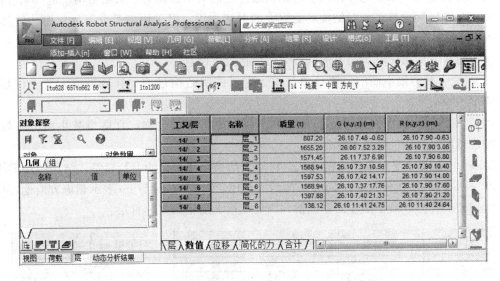

图 5-61

通过计算，各楼层质量比如表 5-2 所示。

表 5-2　楼层质量比计算

楼层名称	楼层质量/t	质量比
1 层	1655.20	1.000
2 层	1571.45	0.949
3 层	1568.94	0.998
4 层	1597.53	1.018
5 层	1568.94	0.982
6 层	1397.88	0.891

由表 5-2 可知，楼层质量比皆小于 1.5，符合规范要求。

（2）剪重比分析

剪重比指结构任一楼层的水平地震剪力与该层及其上各层总重力荷载代表值的比值，一般指底层水平剪力与结构总重力荷载代表值之比。

规范要求：《抗震规范》5.2.5 条和《高层规程》4.3.12 条规定，多遇地震水平地震作用时，结构各楼层的水平地震剪力不应小于表 5-3 给出的最小地震剪力系数 λ。本书六层框架结构楼层最小地震剪力系数为 0.016，即 1.6%。

表 5-3　楼层最小地震剪力系数值

类别	6 度	7 度	8 度	9 度
扭转效应明显或基本周期小于 3.5s 的结构	0.008	0.016(0.024)	0.032(0.048)	0.064
基本周期大于 5.0s 的结构	0.006	0.012(0.018)	0.024(0.036)	0.0488

注：1. 基本周期介于 3.5s 和 5.0s 之间的结构，应允许线性插入取值。
　　2. 7、8 度时括号内数值分别用于设计基本地震加速度为 0.15g 和 0.30g 的地区。

参数意义：剪重比是抗震设计中重要参数。在长期地震作用下，地震影响系数减小较快，由此计算出来的水平地震作用下的结构效应可能太小。而对于长期结构，地震动态作用下的地面加速度和位移可能对结构具有更大的损坏作用，但采用振型分解反应谱法计算时，无法对此做出准确的计算。出于对结构安全的考虑，规范增加了对剪重比的要求。

调整方法：剪重比不满足时的调整方法包括以下两点。

① 当地震剪力偏小而层间侧移角又偏大时，说明结构过柔，宜适当加大墙、柱截面，提高刚度。

② 当地震剪力偏大而层间侧移角又偏小时，说明结构过刚，宜适当减小墙、柱截面，降低刚度以取得合适的经济技术指标。

Robot 中查看水平地震剪力的方式，将层表切换至【简化的力】标签，结构楼层剪力如图 5-62 所示。工况分别选择 X 向与 Y 向地震作用，对应的 Fx 与 Fy 表示相应方向地震作用下的结构楼层剪力。由于层 1 为基础梁，因此从第 2 层记为实际首层。

工况/层	FX (kN)	FY (kN)		工况/层	FX (kN)	FY (kN)
13/ 1	N/A	N/A		14/ 1	N/A	N/A
13/ 2	2223.50	0.25		14/ 2	0.25	2116.38
13/ 3	2004.73	0.29		14/ 3	0.21	1907.68
13/ 4	1760.41	0.20		14/ 4	0.20	1676.55
13/ 5	1490.53	0.25		14/ 5	0.19	1426.71
13/ 6	1146.24	0.26		14/ 6	0.20	1110.07
13/ 7	654.81	0.26		14/ 7	0.15	648.30
13/ 8	83.71	0.05		14/ 8	0.07	94.13

图 5-62

通过图 5-61 给出的各楼层质量、图 5-62 给出的各楼层剪力以及公式 $V_{cki} > \lambda \sum\limits_{j=1}^{n} G_j$，计算 λ，即地震剪力系数，如表 5-4 所示。

表 5-4　楼层地震剪力系数（剪重比表）

楼层名称	楼层质量/t	X 向地震作用下楼层剪力/kN	Y 向地震作用下楼层剪力/kN	X 向地震作用下剪重比	Y 向地震作用下剪重比
1 层	1655.20	2223.50	2116.38	0.0234	0.0223
2 层	1571.45	2004.73	1907.68	0.0256	0.0243
3 层	1568.94	1760.41	1676.55	0.0281	0.0267
4 层	1597.53	1490.53	1426.71	0.0317	0.0303
5 层	1568.94	1146.24	1110.07	0.0369	0.0358
6 层	1397.88	654.81	648.3	0.0426	0.0420

由表 5-4 计算所得可知，X 向与 Y 向楼层最小剪重比皆符合规范要求，大于 0.016，无

须调整。

(3) 轴压比分析

轴压比指柱、墙的轴心压力设计值与柱、墙的轴心抗压力设计值的比值。

规范要求：《混凝土规范》11.4.16条、《抗震规范》6.3.6条、《高层规程》6.4.2条同时规定柱的轴压比不宜超过表5-5中的限值。

表5-5 柱轴压比限值

结构类型	抗震等级			
	一	二	三	四
框架结构	0.65	0.75	0.85	0.90
框架-抗震墙、板柱抗震墙等	0.75	0.85	0.90	0.95
部分抗支抗震墙	0.6	0.7	—	

参数意义：限值结构的轴压比为保证结构的延性要求，若轴压比不满足要求，则结构的延性无法保证，应增大该墙、柱截面或提高该楼层墙、柱混凝土强度；若轴压比过小，则说明结构的经济技术指标较差，宜适当减少相应墙、柱的截面面积。

Robot中查看轴压比需要分步计算，由于本书六层框架结构，抗震等级为三级，所用柱子截面均为500 mm×500 mm，因此查看最大柱轴力即可。点击【结果/反力】，弹出反力表。将工况切换至【组合】，反力表选择【整体极值】标签，表中显示Fz最大值是2582.13kN。所以根据公式 $N/f_cA=2582.13\div(14.3\times10^3\times0.5\times0.5)=0.72<0.85$，符合要求。

(4) 楼层位移比及层间位移角分析

① 位移比分析　规范要求：《高层规程》3.4.5条规定，在考虑偶然偏心影响的规定水平地震作用下，楼层竖向构件的最大水平位移和层间位移，A级高度建筑不宜大于该楼层平均值的1.2倍，不应大于该楼层平均值的1.5倍；B级高度高层建筑、超过A级高度的混合结构不宜大于该楼层平均值的1.2倍，不应大于该楼层平均值的1.4倍。

参数意义：位移比是层扭转效应控制，限值结构平面布置的不规则，避免因产生过大的偏心而导致结构产生较大的扭转效应。

Robot中通过【结果/层表/位移】可以查看不同工况作用下，楼层的节点和层间位移情况，例如以Y方向为例，Robot显示的位移情况如图5-63所示。

工况/层	UX (mm)	UY (mm)	dr UX (mm)	dr UY (mm)	d UX	d UY	Max UX (mm)	Max UY (mm)
14/　1	0.00	0.07	0.00	0.07	0.0000	0.0001	0.00	0.08
14/　2	0.00	3.40	0.00	3.34	0.0000	0.0008	0.01	3.40
14/　3	0.01	6.24	0.00	2.84	0.0000	0.0008	0.02	6.24
14/　4	0.01	8.72	0.00	2.48	0.0000	0.0007	0.02	8.72
14/　5	0.01	10.78	0.00	2.06	0.0000	0.0006	0.02	10.79
14/　6	0.01	12.33	0.00	1.56	0.0000	0.0004	0.03	12.35
14/　7	0.02	13.31	0.01	0.98	0.0000	0.0003	0.06	13.36
14/　8	0.00	14.01	-0.02	0.70	-0.0000	0.0002	0.03	14.02

图 5-63

位移表中各参数含义依次为：

a. UY（mm）：Y向地震作用下楼板平均水平位移，单位是mm。

b. dr UY：Y向地震作用下楼层平均层间位移，单位是mm。

c. d UY：Y向地震作用下层间位移角，即层间位移与层高的比值。

d. Max UY（mm）：Y 向地震作用下的最大层位移，单位是 mm。

将上述表格信息进行统计计算，得出 X、Y 方向地震作用下，位移比如表 5-6 所示。

表 5-6   水平地震作用下结构位移比

楼层名称	X 向地震作用			Y 向地震作用		
	层平均位移 /mm	层最大位移 /mm	位移比	层平均位移 /mm	层最大位移 /mm	位移比
1	3.05	3.14	1.03	3.40	3.40	1.00
2	5.40	5.54	1.03	6.24	6.24	1.00
3	7.43	7.59	1.02	8.72	8.72	1.00
4	9.07	9.26	1.02	10.78	10.79	1.00
5	10.28	10.47	1.02	12.33	12.35	1.00
6	10.98	11.17	1.02	13.31	13.36	1.00

由表 5-6 可知结构位移比符合要求。

② 位移角 规范规定：

a.《抗震规范》5.5.1 条规定，多遇地震作用下楼层内最大层间位移角限值，对于钢筋混凝土框架，应该 $\leqslant 1/550$（即 0.00182）。

b.《高层规程》3.7.3 规定，高度不大于 150m 的建筑，其楼层层间最大位移与层高之比（即最大层间位移角）应满足：框架结构限值为 1/550。

通过 Robot 层表中给出的信息可知，【d UX 与 d UY】分别表示 X 向、Y 向地震作用下层间位移角，统计如表 5-7 所示。

表 5-7   层间位移角

楼层名称	1	2	3	4	5	6	7
X 向地震作用层间位移角	0.0009	0.0008	0.0007	0.0006	0.0004	0.0002	0.0002
Y 向地震作用层间位移角	0.0010	0.0010	0.0008	0.0007	0.0005	0.0003	0.0002

由表统计可知，最大层间位移为 0.0010，小于 0.00182。所以层间位移角符合规范要求。

（5）周期分析

Robot 采用模态分析法查看周期，点击【结果/高级/模态分析】，将弹出【动态结果分析表】，表中显示的内容可以通过点击鼠标右键，选择【表格栏】进行显示。表格示意图如图 5-64 所示。

工况/类型	频率(赫兹)	周期 (sec)	Rel.mas.UX (%)	Rel.mas.UY (%)	Rel.mas.UZ (%)	Cur.mas.UX (%)	Cur.mas.UY (%)	Cur.mas.UZ (%)
12/ 1	0.7658	1.3058	0.0000	79.1486	0.0003	0.0000	79.1486	0.0003
12/ 2	0.8109	1.2332	19.0060	79.1486	0.0003	19.0060	0.0000	0.0000
12/ 3	0.8618	1.1603	80.3317	79.1486	0.0003	61.3257	0.0000	0.0000
12/ 4	2.3648	0.4229	80.3317	87.9603	0.0025	0.0000	8.8116	0.0021
12/ 5	2.5084	0.3987	82.7105	87.9603	0.0025	2.3788	0.0000	0.0000
12/ 6	2.6372	0.3792	88.4036	87.9603	0.0026	5.6931	0.0000	0.0001
12/ 7	4.1004	0.2439	88.4036	90.1318	0.0052	0.0000	2.1715	0.0026
12/ 8	4.2189	0.2370	88.4036	90.1354	0.4504	0.0000	0.0037	0.4452
12/ 9	4.4065	0.2269	89.6679	90.1354	0.4504	1.2643	0.0000	0.0000
12/ 10	4.5533	0.2196	90.4894	90.1354	0.4504	0.8215	0.0000	0.0000
12/ 11	4.7374	0.2111	90.4894	90.1366	1.0931	0.0000	0.0012	0.6426
12/ 12	5.2569	0.1902	90.4894	90.6112	1.2186	0.0000	0.4746	0.1255
12/ 13	5.2655	0.1899	90.4894	90.6438	2.7014	0.0000	0.0326	1.4828
12/ 14	5.3604	0.1866	90.4894	90.6618	2.7171	0.0000	0.0180	0.0158
12/ 15	5.3609	0.1865	90.4894	90.6620	2.7416	0.0000	0.0002	0.0245
12/ 16	5.3733	0.1861	90.4894	90.6658	2.7747	0.0000	0.0038	0.0331
12/ 17	6.1320	0.1631	91.0029	90.6658	2.7749	0.5134	0.0000	0.0001
12/ 18	6.3876	0.1566	91.0029	90.7902	2.8315	0.0000	0.1244	0.0566

图 5-64

表中各项目含义为：

Cur. mas（Current massed participation factor）：指当前振型方式下有效质量系数；

Rel. mas（Relative sum of mass participation factor）：指到该振型方式为止累计有效质量系数。

Robot 设定的振型数为 18 个，检验振型数是否足够，通过检查有效质量系数即可；若达到 90% 的质量参与百分比（即有效质量系数），则合格。通过查看表格，X、Y 向有效质量参与系数分别为 91.0029% 和 90.7902%，均大于 90%，所以符合要求。

（6）内力预览及分析

① 恒载内力　结构计算完成后可以点击【结果/杆件示意图】，可以预览各工况作用下结构整体的弯矩图。工况选择恒载 DL1，示意图选择 NTM 标签下的【My 力矩】，点击【应用】，恒载作用下结构弯矩图如图 5-65 所示。

不同于常规毕业设计，仅给出单榀框架的内力图，Robot 软件给出整楼内力图。整楼模型的弯矩图中，红色代表最大正弯矩，绿色代表最小负弯矩。同样的方式，勾选 NTM 标签下的【Fz 力】并点击【应用】，则显示恒载作用下剪力图，如图 5-66 所示。

取最大正弯矩所在的那榀框架，进行整榀框架内力图显示。方法是选择该榀框架，勾选【示意图】对话框下方的【打开新窗口】，点击【应用】，

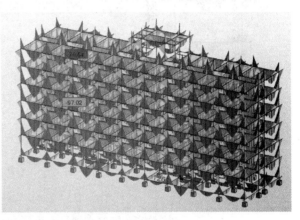

图 5-65

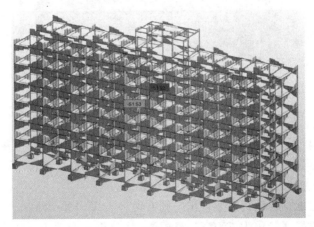

图 5-66

则一榀框架在恒载作用下的弯矩图与剪力图如图 5-67 所示。

勾选 NTM 标签下的【Fx 力】并点击【应用】，显示恒载作用下的轴力图，如图 5-68 所示。

② 活载内力　将工况切换至活载 LL1，按照上述操作显示活载作用下内力图。依次为弯矩图、剪力图、轴力图。此处仅显示弯矩图，如图 5-69 所示。图像与恒载作用下弯矩图类似。

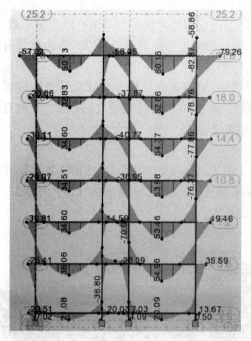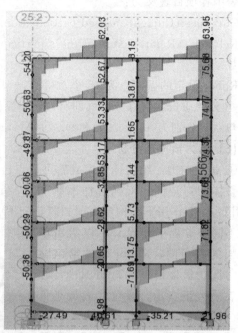

图 5-67

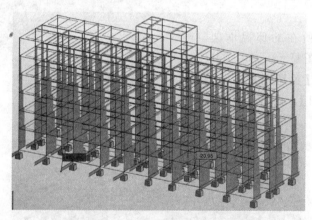

图 5-68

　　荷载作用下的内力，还可以选用表格显示，方法是点击菜单栏【结果/力】，打开力表格，通过杆件选择器选择柱和梁，则表格将给出各杆件的轴力、剪力、弯矩，如图 5-70 所示，其中 Fx 表示轴力，Fz 表示剪力，My 表示弯矩。

　　对于表格中的数据，若用户需要导出，则有两种方式，第一种：鼠标移至表格上，点击右键，在对话框中选择【转化为 EXCEL 格式】，将数据保存为 Excel 格式；另一种：在刚才的对话框中，选择【屏幕捕获】，在弹出的对话框中，选择【复制到剪贴板】，在 Word 中进行粘贴，则数据将全部存入 Word 中。

　　③ 风荷载内力　以第 7 轴为例，在 X 和 Y 向风荷载作用下的框架弯矩图，如图 5-71 所示。

(7) 板挠度结果预览

　　Robot 中板挠度可通过彩图显示，即通过点击【结果/彩图】打开彩图界面，【彩图】对

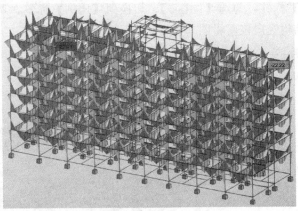

图 5-69

杆件/节点/工况	FX (kN)	FY (kN)	FZ (kN)	MX (kNm)	MY (kNm)	MZ (kNm)
196/ 96/ 2	-1.60	-0.16	-7.63	3.60	-8.43	0.09
197/ 96/ 2	-2.00	0.15	9.66	-3.32	-10.85	0.09
197/ 97/ 2	-1.32	-0.24	-10.19	2.81	-13.11	0.14
198/ 97/ 2	-1.24	0.25	9.69	-2.91	-12.92	0.15
198/ 103/ 2	-1.18	-0.25	-9.66	2.91	-12.80	0.15
199/ 103/ 2	-1.09	0.25	9.76	-2.91	-12.88	0.14
199/ 107/ 2	-1.17	-0.25	-9.64	2.96	-12.42	0.15
200/ 107/ 2	-0.63	0.14	8.41	-2.23	-10.55	0.10
200/ 114/ 2	-0.77	-0.26	-8.27	2.43	-9.92	0.14
201/ 114/ 2	-0.72	0.25	8.61	-2.46	-10.22	0.14
201/ 115/ 2	-0.62	-0.14	-8.21	2.28	-10.01	0.10
202/ 115/ 2	-0.63	0.14	8.22	-2.28	-10.01	0.10
202/ 122/ 2	-0.78	-0.27	-8.42	2.36	-10.43	0.14
203/ 122/ 2	-1.16	0.24	9.63	-2.95	-12.43	0.14
203/ 123/ 2	-1.08	-0.25	-9.75	2.91	-12.87	0.14
204/ 123/ 2	-1.18	0.25	9.66	-2.91	-12.81	0.15
204/ 132/ 2	-1.24	-0.25	-9.69	2.91	-12.91	0.15
205/ 132/ 2	-1.32	0.24	10.19	-2.81	-13.12	0.14
205/ 133/ 2	-2.00	-0.15	-9.65	3.32	-10.84	0.09

图 5-70

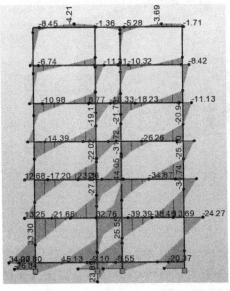

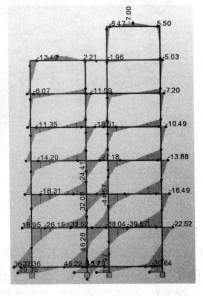

图 5-71

第 5 章　基于 Robot Structural Analysis 软件的三维结构分析与设计 **119**

话框中选择【详细的】标签，勾选【位移-z】；切换到【比例】标签，调色板选择256颜色，然后点击【应用】。结构竖向挠度彩图如图5-72所示。

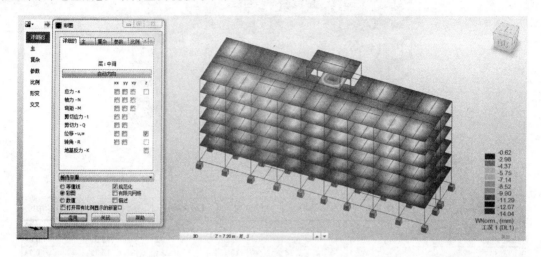

图 5-72

上图中左侧对话框为【彩图】对话框，该对话框包括【详细的】【主】【复杂】【参数】【比例】【形变】【交叉】七个标签，读者可以根据结果预览需要对各标签中选项进行选择；对话框下方的显示分为三种方式：等值线、彩图、数值。推荐使用的方式为【彩图＋描述】。图中右下角为各种颜色代表的数值范围，以及显示何种工况作用下的彩图。

对于图5-72，通过颜色显示可大致查看结构竖向挠度值，推荐采用的【彩图＋描述】可以进行精确的显示，如图5-73所示。

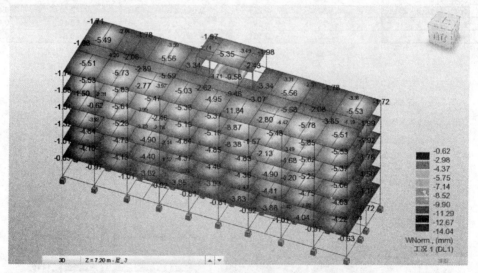

图 5-73

对于荷载作用的下的挠度动态图，Robot同样可以显示，方法是选择【形变】标签，如图5-74所示，动画设置为帧数20，每秒8帧，点击【开始】。当软件模拟完成后则播放挠度动态图，读者可以保存该动态图，方法是点击图5-75所示的对话框，点击【保存】按钮后将弹出【另存为】对话框，读者根据需要选择保存位置。

图 5-74   图 5-75

(8) 详细的分析

　　Robot 中已经介绍【结果-示意图】【结果-彩图】，还有另外一种结果预览的方式——【详细的分析】，用于对特定单元进行分析。

　　切换到【详细的分析】界面后，选择某一构件，例如一根框架梁，选择【My】并勾选【打开新的窗口】，则界面如图 5-76 所示。

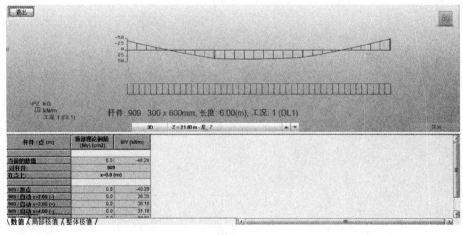

图 5-76

　　详细的分析中，软件默认显示构件的配筋情况。图 5-76 显示为【0.00】，原因是本结构还未进行结构的配筋设计，当第 8 章讲解的配筋结束后，将会显示钢筋的信息。构件配筋部分将在第 8 章进行介绍，本章 BIM 结构三维结构分析与设计到此结束。

第6章

基于PKPM软件的结构分析与设计

PKPM 结构软件是由中国建筑科学研究院推出的，经过近三十年的研发和升级换代，软件日臻完善，系统涵盖结构设计的各个方面，国内用户数超过一万家，多个外文版软件远销海外，成为国内最有影响力的结构设计软件，深受广大用户的青睐，PKPM 结构软件事实上已成为我国的行业标准，是广大结构工程师设计工作中必不可少的利器。

6.1 PMCAD 建模及荷载输入

6.1.1 PMCAD 建模基本概述

(1) PMCAD 基本功能

PMCAD 是 PKPM 系列结构设计软件的核心，它建立的全楼结构模型是 PKPM 各二维、三维结构计算软件的前期部分，也是梁、柱、剪力墙、楼板等施工图设计软件和基础设计软件的必备接口软件。

其主要包括以下功能。

① 人机交互方式建立全楼结构模型。

② 能够自动导算荷载，并自动计算结构自重，建立恒活荷载库。

③ 为各种计算模型提供计算所需数据。

④ 为上部结构各绘图 CAD 模块提供结构构件的精确尺寸。

⑤ 为基础设计 CAD 模块提供底层结构布置与轴网布置，并且提供上部结构传下的恒活荷载。

⑥ 绘制各种类型结构的结构平面图和楼板配筋图。

⑦ 多高层钢结构的三维建模从 PMCAD 展开，包括丰富的型钢截面和组合截面。

(2) PMCAD 重要操作方式

① 鼠标左键：同键盘"Enter"键，用于确认输出等。

② 鼠标右键：同键盘"Esc"键，用于否定、放弃、返回菜单等。

③ 鼠标中滑轮

a. 滑轮滚动：向上滚动，放大视图；向下滚动，缩小视图。

b. 轮按下并移动：用于拖动平移图形。

④ "Ctrl"键＋鼠标中滑轮按下移动：进行三维观测时，旋转模型即改变三维观测角度。

⑤ "U"键：用于取消上一步操作。

⑥ "S"键：用于选择光标捕捉方式。

⑦ "F1"键：打开帮助。

⑧ "F3"键：网格捕捉开关。

⑨ "Ctrl"＋"F1"键：节点捕捉开关。

⑩ "F4"键：角度捕捉开关。

⑪ "F5"键：重新显示图形。

⑫ "F6"键：铺满显示。

⑬ "F9"键：设置功能键参数，例如设置捕捉参数、圆弧精度等。

⑭ "Tab"键：用于变换图素选择方式。

(3) 文件管理

① 创建工作目录　双击桌面 PKPM 快捷图标，进入 PKPM 界面，选择上方菜单专项的【结构】，点击【PMCAD】，PMCAD 主菜单如图 6-1 所示。

图 6-1

首次打开工作目录，默认目录为"C：\PKPMWORK"，点击右侧【改变目录】，创建一个新文件夹；或者选择已经存在的某个目录。完成工作目录的选择后，进入"建筑模型与荷载输入"，点击【应用】。

> 提示
>
> 每做一项新的工程，都应建立一个新的工作目录，这样不同工程的数据才不致混淆。

图 6-2

② 输入 PM 工程名　上一步点击【应用】后，进入建模工作状态，弹出【请输入 pm 工程名】对话框，如图 6-2 所示，此时输入便于用户记忆的工程名即可；但用户需要注意名称总字节数不应大于 20 个英文字符或 10 个中文字符，且不能存在特殊字符。例如输入"六层框剪结构"，单击【确定】，进入建模主界面，见图 6-3。

③ 工作数据备份保存　在 PMCAD 主菜单界面，即图 6-1 左下角，点击【文件存储管理】按钮，打开【PKPM 设计数据存取管理】对话框，用户可以选择需要保存的文件，如图 6-4 所示。选择完毕后，点击【下一步】，在新的对话框中点击【开始备份数据】，PKPM 将自动按照 rar 格式压缩打包。

6.1.2　建筑模型与荷载施加

(1) 轴线输入

轴线输入前，需要了解一下标准层。由于在各结构层，结构构件的布置、构件的尺寸以

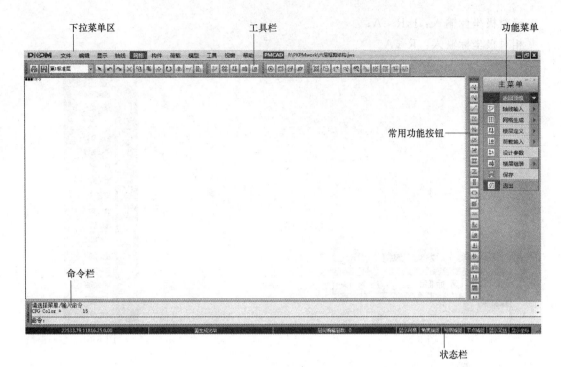

图 6-3

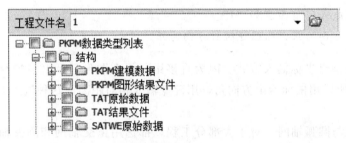

图 6-4

及荷载的施加等方面可能不同，因此产生结构标准层的概念。PMCAD 通过建立平面模型，利用平面模型进行全楼组装，实现整楼模型的建立。所以首先应该根据结构平面布置，划分各结构标准层，进而利用各标准层进行整楼模型的组装。

进入 PMCAD 建模主界面后，程序在"第 1 标准层"中进行编辑，在程序工具栏的左侧显示当前进行编辑的标准层，见图 6-5。接下来的建模过程都以第 1 标准层（地基梁层）为例进行详细说明。

点击右侧功能菜单第一项【轴线输入】，将显示下拉菜单，见图 6-6。PMCAD 提供多种轴线输入方式，具体如下。

① 图形显示区直接绘制轴线

a. 键盘坐标输入方式。键盘坐标输入方式是输入轴线的基本方法。该方式是在十字光标出现后，在命令栏直接输入绝对坐标、相对坐标或极坐标值。方法如下（R 为极距，A 为角度）：

绝对直角坐标输入："! X，Y，Z"；

相对（上一次输入点）直角坐标输入："X，Y，Z"；

绝对极坐标输入：！R＜A；

相对极坐标输入：R＜A。

图 6-5   图 6-6

提示
① 绝对坐标输入，前面应加"！"。
② 沿坐标轴方向为正，圆弧逆时针方向为正。

b. 鼠标结合键盘坐标输入方式。因为直接用鼠标在图形显示区点取绘制轴线，不容易控制轴线长度，所以用鼠标给出方向角，用键盘输入相对距离。这种输入方式可以方便、快捷地绘制轴线。

② 正交轴网与圆弧轴网　对于大部分工程，都选用正交轴网和圆弧轴网进行绘制。该方法最大优势是快捷、效率高。

【正交轴网】通过定义开间和进深形成正交网格。其中定义开间是输入横向的坐标，定义进深为输入竖向的坐标。这一项在后面的建模中详细介绍。

【圆弧轴网】通过定义圆弧开间角与进深形成圆弧网格。下面对圆弧轴网进行讲解，首先打开【圆弧轴网】对话框，默认选择第一项【圆弧开间角】，该项由【跨数 * 跨度】表示，例如选择 6 跨，每跨角度为 30°，点击【添加】，程序会显示出示意图。若工程中圆弧轴网布置为其他方向，可以在对话框右下方【旋转角】填入轴网旋转角度，逆时针为正；例如填入【−90】，如图 6-7 所示。

绘制完开间角后，定义进深。点击第二项【进深】，该项的【跨数 * 跨度】设置的对象是中心点起始的任意一条射线，并且跨度此处是指长度而非角度。例如跨数选择 3，跨度选择 3000，点击【添加】。如图 6-8 所示。

该部分的基本命令介绍完毕，下面开始进行本模型轴网的绘制：

a. 点击右侧功能菜单的【轴线输入】＞【正交轴网】，进入【直线轴网输入】对话框。由于本模型轴网是对称的，因此只对上下开间进行设置即可。

b.【下开间】输入 6000 * 3、5400 * 3、6000 * 3；可以通过键盘输入也可以从右侧常用

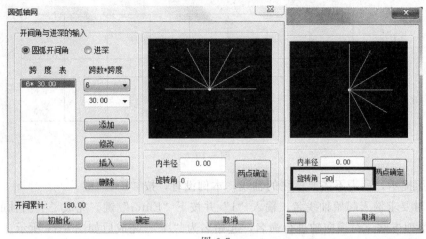

图 6-7

值中选择进行输入。【上开间】输入
6000、2400、6000;输入完成见图 6-9。

c. 点击右下角【确定】,通过键盘输
入"!0"并按回车键,将轴网按照基点坐
标(0,0)输入,轴网插入后见图 6-10。

③ 轴线命名 完成轴网创建后,进
行轴线命名。操作步骤如下:

a. 点击【轴线输入】>【轴线命
名】。命令栏出现【轴线名输入:请用光
标选择轴线(〔Tab〕成批输入)】,按
"Tab"键,选择成批输入。

b. 按照命令栏提示,移动光标在屏
幕中点取最左边的竖向轴线。

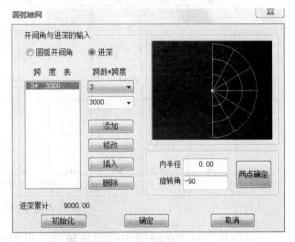

图 6-8

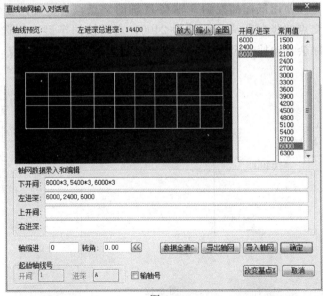

图 6-9

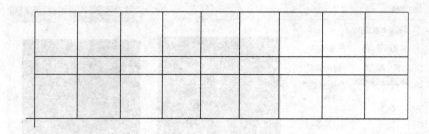

图 6-10

c. 按照提示，移去不需要标注的轴线，本例没有，按 "Esc" 键。

d. 此时要求输入起始轴线名，输入 "1" 并按下 "Enter" 键。完成了竖向轴的命名。按照类似方法，对横向轴进行命名，起始名为 "A"，完成后如图 6-11 所示。

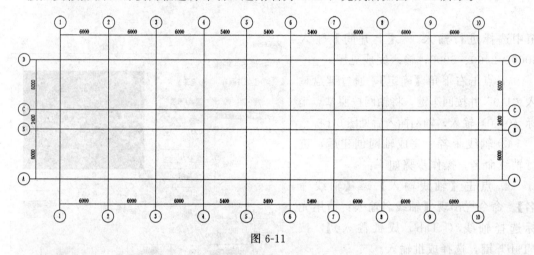

图 6-11

下面创建不包含在轴网中的定位轴线。以创建电梯井处的梁轴线为例。使用【轴线输入】＞【两点直线】命令，启动命令后，点击鼠标确定起点，再次点击鼠标确定终点完成轴线的输入。在这里，先使用鼠标捕捉到 5 轴与 D 轴的交点，将鼠标向左侧沿 D 轴移动，使用键盘输入起点与交点的竖向距离，此处为 2400，之后按回车键，便选定了起点。沿水平方向移动鼠标，程序会自动捕捉竖直方向，点击竖直虚线与 C 轴的交点，完成轴线的输入，见图 6-12。

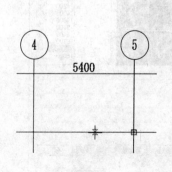

图 6-12

使用这种方法，创建基础梁层中其余不包含在轴网中的定位轴线。创建完成后效果见图 6-13。

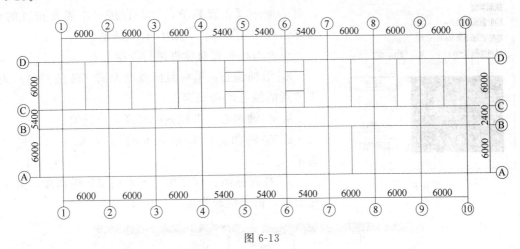

图 6-13

💡 **提示**

本书为了方便说明，轴网与建筑图保持一致。实际的应用中，读者可以更加灵活地创建轴网，以方便快速建模。

(2) 构件输入

① 截面定义　柱与梁的布置类似，以柱为例详细说明。点击【楼层定义】＞【柱布置】，打开【柱截面列表】对话框，见图 6-14，该对话框用于对整个工程所采用的柱类型进行定义、修改、删除和布置。

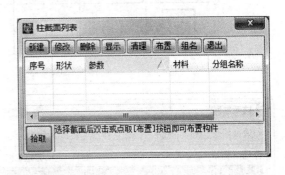

图 6-14

点击【新建】选项，弹出【输入标准柱参数】对话框，按照截面尺寸预估建立所需要的柱截面（500mm×500mm），如图 6-15 所示。

a. 截面类型：点击【截面类型】右侧的选框，弹出【截面类型】选择框，如图 6-16 所示。目前 PKPM 提供柱 25 种截面类型供用户选择。

b. 矩形截面尺寸：因为在截面类型中选择方形柱，所以此处需要输入矩形截面的长与宽度尺寸。

c. 材料类别：提供的柱材料有【砌体】【钢】【混凝土】【刚性杆】【轻骨料】，用户可以通过下拉菜单点击选取材料，或者直接输入材料前方代表数字。

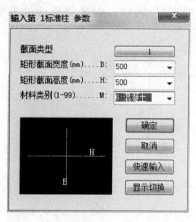

图 6-15

上述柱参数输入完毕后，点击【确定】，则柱类型将出现在【柱截面列表】中，选中刚刚定义的柱截面，点击对话框中【布置】项，或者直接双击需要布置的柱，将弹出柱布置对话框，如图 6-17 所示。

下面对柱布置对话框进行介绍。

a. 沿轴偏心：沿柱截面宽度方向（转角方向）相对于节点的偏心，右偏为正。

b. 偏轴偏心：沿柱截面高度方向的偏心。

c. 轴转角：柱截面宽方向与 X 轴夹角，逆时针为正。

d. 柱底标高：柱底相对于本层层底的高度，高于层底为正，低于层底为负。

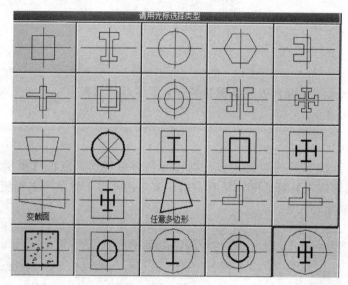

图 6-16

图 6-17

e. 构件布置的四种基本方式如下。

• 光标方式：以光标选中节点或者网格来布置构件。

• 轴线方式：按照整条轴线进行选取，布置构件。

• 窗口方式：按照矩形窗口框选进行选取，布置构件。

• 围区方式：以任意多边形围选进行构件布置。

② 第 1 标准层　每层的梁布置由上一层的建筑布置确定。【第 1 标准层】为基础梁层；

【第2标准层】对应建筑的首层至第5层；后面创建的【第3标准层】对应建筑的第6层；【第4标准层】对应建筑的电梯机房所在的第7层。在第一一标准层中完成下面的操作。

模型已经完成轴线创建，现在进行柱的布置，步骤如下。

a. 点击【楼层定义】＞【柱布置】，在弹出的【柱截面列表】中点击【新建】，输入柱截面尺寸【500×500】，材料选用【6混凝土】，点击【确定】。

b.【柱截面列表】中双击刚刚定义的截面为【500×500】的柱子，弹出的【柱布置】对话框中，选择【光标】布置方式，其他不变，按照建筑图的布置，点击相应的网格交点进行柱布置。使用光标方式创建柱见图6-18。

进行梁的布置，步骤如下：

a. 点击【主梁布置】，弹出【梁截面列表】，本实例将采用两种截面的梁；点击【新建】，分别输入【250×500】和【300×600】，材料皆为混凝土；点击【确定】。

b. 对照建筑图进行梁的布置。先布置主梁，选择【300×600】的梁，布置在如图6-19所示的位置上。

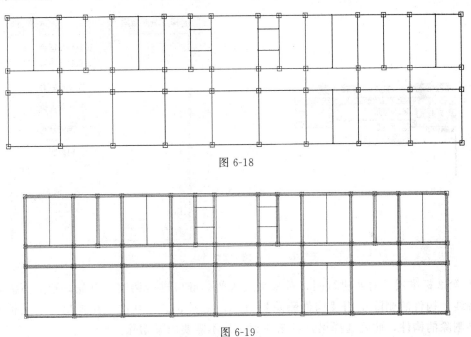

图 6-18

图 6-19

c. 之后进行次梁的布置，同样使用【主梁布置】命令，选择【250×500】的梁，将次梁布置完毕后如图6-20所示。

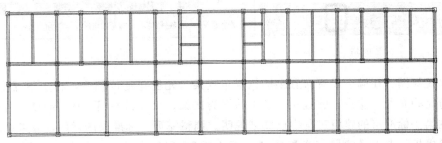

图 6-20

图 6-21

第一标准层是基础梁层，无须设置楼板。至此，第 1 标准层的全部构件创建完毕。进行本层信息的设置，点击【楼层定义】＞【本层信息】，在弹出的对话框中进行材料的设置，将板、柱、梁的混凝土设置为 C30，梁、柱钢筋设置为【HRB400】，其余不做修改，设置完成后如图 6-21 所示。

创建新标准层，在用户界面左上角选择标准层的下拉菜单中，选择【添加新标准层】。弹出【选择/添加标准层】对话框，见图 6-22。在对话框中，选择"全部复制"，即将当前标准层中的全部内容复制到新建的标准层中。

点击【确认】，进入【第 2 标准层】的编辑界面。后面的标准层采用相同的方法创建。

图 6-22

③ 第 2 标准层　对照建筑图，对复制生成的标准层进行调整。首先，删除不需要的构件和轴线。构件的删除使用【构件删除】命令，见图 6-23。其次，在弹出的对话框中，选择需要删除的构件，此处选择梁，见图 6-24。将不需要的梁删除。

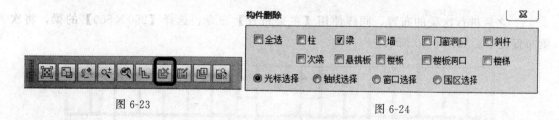

图 6-23

图 6-24

对比建筑图，在墙下没有布置梁的位置布置梁。先创建定位轴线，再使用【主梁布置】命令进行梁的布置。注意，放置在主梁上的梁为次梁，尺寸选择【250×500】。创建梁的具体操作在第 1 标准层的建模过程中已详细说明。调整完第 2 标准层的梁后，效果见图 6-25。

创建楼板，点击【楼层定义】＞【楼板生成】，程序会弹出对话框，见图 6-26，点击【是】，即可在梁上自动生成楼板，默认的板厚为 100mm，在楼板上会显示出楼板的厚度，

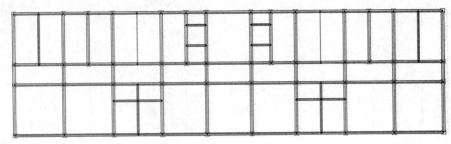

图 6-25

以 mm 为单位。如需改变楼板厚度，点击【楼板生成】＞【修改板厚】，在弹出的对话框中输入楼板厚度，见图 6-27，再点击需要修改的板。

楼梯间的处理，所选取的方法是将板厚设置为零，不考虑楼梯的支撑作用，将板上施加的荷载近似看作楼梯的荷载。将楼梯间的板厚设为 0。具体的做法下文会详细说明。

建模完成后，进入【本层信息】定义本层的结构材质，方法同上。

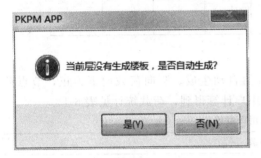

图 6-26

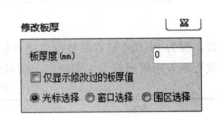

图 6-27

将电梯井和设备井处的楼板删除。同样使用【构件删除】命令。【第 2 标准层】创建完毕后效果见图 6-28。

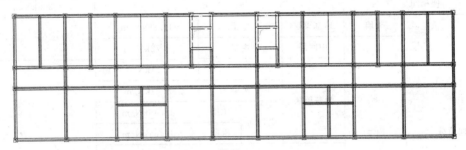

图 6-28

④ 第 3 标准层　第 3 标准层为顶层，屋面上不再有隔墙，在进行调整时需要删除相应位置的梁。将两侧楼梯间板厚为 0 的楼板改为 100mm 厚。电梯井、设备井在顶层不再需要设置孔洞，电梯间位置设置 150mm 厚楼板。该标准层创建完毕后效果见图 6-29。

同样，在【本层信息】中设置材质。

⑤ 第 4 标准层　第 4 标准层只有楼梯间和电梯设备间需要保留，将其余构件删除，在开洞处布置楼板。完成创建后见图 6-30。之后设置结构材质。

(3) 添加荷载

点击【荷载输入】展开下拉子菜单，包含上部结构的各类荷载；所有荷载都应输入标准

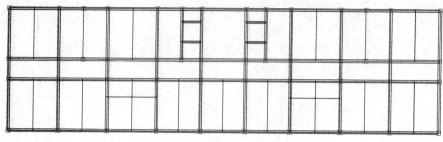

图 6-29

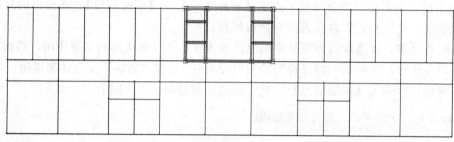

图 6-30

值，因为 PKPM 特点是将荷载设计值和荷载组合值自动生成。竖向荷载向下为正，节点荷载弯矩方向依照右手定则确定。荷载值的大小由用户计算得到，荷载统计见表 6-1。

表 6-1 软件采用荷载值

荷载					恒载	活载
屋面荷载					4.0kN/m²（除去板自重）	2.0kN/m²
楼面荷载					2.0kN/m²（除去板自重）	2.0kN/m²
走廊荷载					2.0kN/m²（除去板自重）	2.5kN/m²
楼梯间					8.0kN/m²	3.5kN/m²
梁间荷载	外墙	地基梁层	主梁		11.66kN/m	—
		中间层	主梁		9.72kN/m	
	内墙	地基梁层	主梁		8.21kN/m	—
			次梁		8.44kN/m	
			电梯间	主梁	13.46kN/m	
				次梁	13.84kN/m	
		中间层	主梁		6.84kN/m	
			次梁		7.07kN/m	
			电梯间	主梁	11.22kN/m	
				次梁	11.59kN/m	
	女儿墙				2.92kN/m	—

① 楼面荷载 楼面荷载是向楼板上添加的均布荷载。根据之前的计算结果，设置如下。

a. 第 2 标准层。由于第 1 标准层中没有楼板，因此进入第 2 标准层。点击【恒活设置】，弹出荷载定义对话框，如图 6-31 所示。根据楼面情况，在恒载和活载栏输入相应荷载数值。输入楼板荷载前必须先生成楼板。勾选【自动计算现浇楼板自重】，程序会根据楼板厚度，自动计算楼板的自重，并以均布荷载值施加到楼面。若勾选该项，则输入的恒载值需要扣除楼板自重，否则会重复考虑。建议勾选该项。

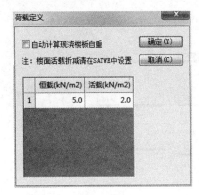

图 6-31

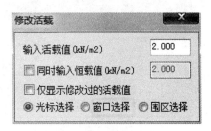

图 6-32

将恒载设置为 2kN/m²，活载设置为 2kN/m²，并勾选【自动计算现浇楼板自重】一项。点击【确定】后，楼板上便施加了均为 2kN/m² 的恒荷载和活荷载。

将走廊处的活荷载改为 2.5kN/m²。这时点击【荷载输入】>【楼面荷载】>【楼面活载】，弹出【修改活载】对话框，见图 6-32。在【输入活载值（kN/m²）】一栏输入【2.5kN/m²】，使用鼠标点击需要修改走廊中的楼板。楼板上会即时显示出其荷载值，单位为 kN/m²。

同样的方法可以修改恒荷载，将楼梯间的恒载设置为 8.0kN/m²，活载设置为 3.5 kN/m²。

b. 第 3 标准层。将中间楼梯间的恒载设置为 8.0kN/m²，活载设置为 3.5kN/m²。

高为 7 层部分的房间按照楼面设置恒荷载，荷载值为 2.0kN/m²。电梯设备间活荷载设置为 7kN/m²。

其余楼板恒载设置为 4kN/m²，活载设置为 2.0kN/m²。

c. 第 4 标准层。将全部楼板设置为恒载 4kN/m²，活载 0.5kN/m²。

此外，点击【楼面荷载】>【导荷方式】可以对导荷方式进行设置。

【导荷方式】提供了以下三种荷载传导方式。

· 对边传导：只将荷载向房间两对边传导。对于钢筋混凝土楼板，程序默认的是第二种导荷方式。所以当楼板满足单向板时，可以将导荷方式手动修改为对边传导。

· 梯形三角形传导方式：混凝土楼板默认的导荷方式。

· 周边布置方式：将房间内的总荷载沿房间周长等分为均布荷载布置，对于非矩形房间，程序自动选用这种传导方式。

② 梁间荷载 墙体自重：内隔墙为 2.28kN/m²；外墙为 3.24kN/m²；电梯间周围墙体为 3.74kN/m²。

根据墙体自重计算梁间荷载。对于框架结构及框剪结构，填充墙部分的荷载将以梁间荷载的方式进行布置。其他作用于梁上的荷载，也可以按照此方式进行添加。

点击【梁间荷载】，展开下拉子菜单，该选项的所有子菜单中，主要用到三部分：首先，进行【梁荷定义】；其次，进行【恒载输入】和【活载输入】；最后，进行荷载的修改、删除。

a. 梁荷定义。点击【梁荷定义】，弹出【梁荷载】对话框，点击下方的【添加】，弹出【选择荷载类型】对话框，如图 6-33 所示。

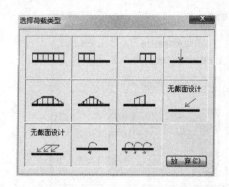

图 6-33

上述对话框提供了多种荷载类型，点击需要的荷载类型，将弹出荷载类型参数对话框进行荷载值的设置。输入完数值后，点击【确定】。按照计算结果，添加下列均布荷载：

8.21kN/m；8.44kN/m；11.66kN/m；13.46kN/m；13.84kN/m；6.84kN/m；7.07kN/m；9.72kN/m；11.22kN/m；11.59kN/m；2.92kN/m。

在【梁荷载】对话框将显示出刚刚定义的荷载值，如图 6-34 所示。设置完所有的梁间荷载后，点击【退出】即可。

b. 梁荷布置。点击【恒载输入】，弹出的对话框与【梁荷载】对话框很类似，区别是多了一个【布置】选项。选择之前定义的梁间荷载，点击【布置】；此时根据命令栏提示，通过"Tab"键切换布置

图 6-34

方式，然后进行布置。【活载输入】与【恒载输入】步骤相同。此处只添加恒荷载。添加完梁间荷载后，程序会显示出荷载类型和大小，如图 6-35 所示。

第 1 标准层，11.66kN/m 布置在最外侧的一圈梁上；8.21kN/m 布置在上一层主梁下墙的位置处；8.44kN/m 布置在上一层次梁下墙的位置处；13.46kN/m 和13.84kN/m 布置在电梯井周围的梁上。

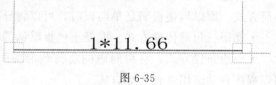

1*11.66

图 6-35

第 1 标准层的荷载添加完成后，效果见图 6-36。

第 2 标准层，9.72kN/m 布置在最外侧的一圈梁上；6.84kN/m 布置在上一层主梁下墙的位置处；7.07kN/m 布置在上一层次梁下墙的位置处。添加完成显示如图 6-37 所示。

第 3 标准层，9.72kN/m 布置在 7 层部分的外墙下的梁上；11.22kN/m、11.59kN/m布置在电梯间周围；6.84kN/m 布置在楼梯间两侧除去电梯间位置的梁上；2.92kN/m 布置

在其余位置最外侧的一圈梁上。如图 6-38 所示。

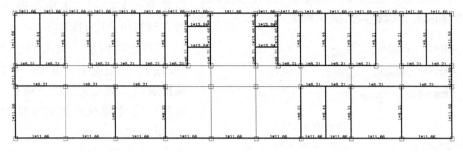

图 6-36

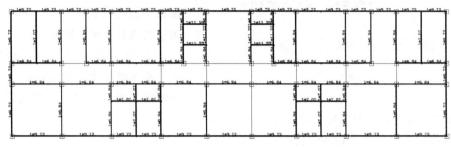

图 6-37

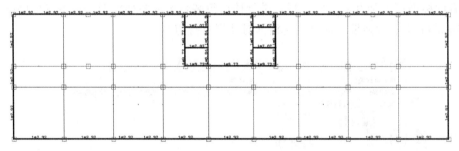

图 6-38

第 4 标准层，2.92kN/m 布置在最外侧的一圈梁上，如图 6-39 所示。

(4) 设计参数

完成结构构件的设置及布置、荷载的输入后，在楼层组装前可设置本结构模型的相关设计参数。点击【设计参数】，将弹出如图 6-40 所示对话框，包括五部分：总信息、材料信息、地震信息、风荷载信息、钢筋信息。

① 总信息 "总信息"标签下，根据工程实际情况进行设置，【结构体系】选择【框架结构】。【框架梁端负弯矩调幅系数】，根据《高层规程》，对于现浇混凝土框

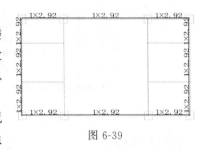

图 6-39

架结构，框架梁端负弯矩系数一般取 0.8～0.9，默认取值 0.85 符合要求。【考虑结构使用年限的活荷载调整系数】根据《荷载规范》要求，设计使用年限为 5 年，取值 0.9；设计使用年限为 50 年，取值 1.0；设计使用年限为 100 年，取值 1.1。这里不做修改，取 1.0。

② 材料信息 【混凝土容重】一般情况下取值 25kN/m³，若需要考虑装修层重量时，

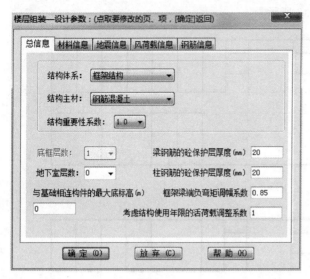

图 6-40

可将容重增加到 $26\sim28kN/m^3$，这里设置为 $26kN/m^3$。本毕业设计实例，所有钢筋均采用 HRB400。

③ 地震信息　地震烈度为 7 度（0.1g），场地类别为 Ⅱ 类。根据《建筑抗震设计规范》（以下简称《抗震规范》），本建筑的抗震等级为二级。《高层规程》中规定了高层建筑结构的计算自振周期折减系数，框架结构可取 $0.6\sim0.7$，本例取为 0.7。计算振型个数为层数的三倍，本例包括基础层在内共 8 层，因此取 24。

④ 风荷载信息　本工程所处地区，基本风压为 $0.65kN/m^2$，地形粗糙度为 B 类。本例中结构沿整个高度体型没有发生变化，沿高度体型分段数选择 "1"。

⑤ 钢筋信息　各类型钢筋强度按照默认即可。

(5) 楼层组装

所有的标准层添加并修改完毕后，进行楼层组装，生成整楼模型。点击【楼层组装】将弹出如图 6-41 所示对话框，通过该对话框对楼层进行组装。

图 6-41

楼层组装的方法为：先选择【标准层】，输入层高，选择【复制层数】，点击【添加】，则在右侧【组装结果】中将显示组装后的楼层。勾选【自动计算底标高】，程序会根据底标高和层高自动计算上部楼层的底标高。

下面对本实例进行楼层组装，步骤如下。

① 点击【楼层组装】，先选择【第 1 标准层】，复制层数为 1 层，层高为 600mm；勾选【自动计算底标高】，下同，并输入 "−1.2m"，点击【增加】。

② 选择【第 2 标准层】，复制层数为 1 层，层高设为 "4200mm"，点击【增加】。

③ 选择【第 2 标准层】，复制层数为 4 层，层高设为 "3600mm"，点击【增加】。

④ 选择【第 3 标准层】，复制层数为 1 层，层高设为 "3600mm"，点击【增加】。

⑤ 选择【第 4 标准层】，复制层数为 1 层，层高设为 "3600"，点击【添加】。设置完毕后，对话框如图 6-42 所示。

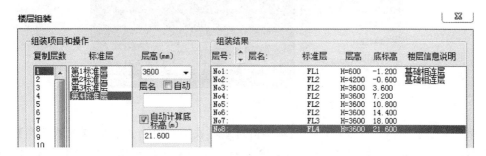

图 6-42

设置完毕后，点击【整楼模型】，选择【重新组装】，界面中会显示出结构的三维模型。楼板默认不显示，点击上方【构件显示】按钮，在对话框中可以勾选楼板的显示。组装完毕后结构的三维效果见图 6-43。

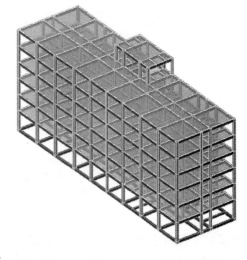

图 6-43

(6) 保存退出

结构模型创建完毕后，点击【保存】，然后点击【退出】，弹出图 6-44 所示对话框，选择【存盘退出】，切记要及时保存建立的模型。

至此，初步建模完成，之后需要根据计算结果对模型进行调整，以满足各项规范要求。

6.1.3 平面荷载显示校核

建模完成后，对模型中施加的荷载进行检查。荷载一旦出现错误，之后的

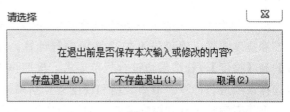

图 6-44

计算是没有意义的。因此，在进行计算之前，对荷载进行校核十分必要。

选择 PMCAD 菜单下的【平面荷载显示校核】，见图 6-45，进入荷载校核界面。用户在图中检查荷载是否输入正确。通过右侧的"选择楼层"或"上一层"和"下一层"可切换标准层。

图 6-45

以第 2 标准层为例，程序默认不显示楼板自重，我们可以通过右侧【荷载选择】，勾选楼板自重的显示。荷载平面图部分如图 6-46 所示。程序显示出了结构构件上所施加荷载大小及类型，图名的下方也给出了荷载的图示。

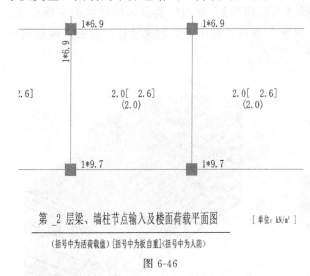

第 _2 层梁、墙柱节点输入及楼面荷载平面图　　[单位: kN/m²]

（括号中为活荷载值）[括号中为板自重]〈括号中为人防〉

图 6-46

检查无误后，点击【退出】，退出荷载检查。

6.1.4　画结构平面图

进行完建模、荷载检查后，进入 PMCAD 第三个模块。这一模块用来进行板的计算和绘制楼板施工图。进行这一步的目的，不是绘制施工图，而是根据楼板的计算结果，来调整模型。

点击【画结构平面图】，进入【板施工图界面】，在界面的上方，可选楼层。进入 2 层，以 2 层为例进行详细说明。首先进行计算参数的设置，点击右侧【计算参数】，弹出图 6-47 所示的对话框。此时需要根据实际需要，对参数进行调整。

本例只需将钢筋级别设置为"HRB400"，其余不作调整。下面简单介绍对话框中的部分参数。

a. 双向板计算方法。程序提供了弹性算法和弹塑性算法。采用弹性算法偏于安全，建议采用。采用弹塑性算法用钢量较少，需要认真校核计算结果，核查裂缝和挠度是否满足规范要求。

b. 裂缝计算。根据允许裂缝挠度自动选筋，选中后，程序选出的钢筋将满足允许裂缝宽度和挠度要求。建议先不勾选该项进行计算，计算完成后，查看楼板计算菜单中的【裂缝】和【挠度】，若结果均符合规范要求，按照该选筋结果即可；若结果超出规范要求，可以选择该项进行计算。但当裂缝和挠度验算结果超出规范限制较多时不推荐采用，这是因为增加钢筋来满足裂缝和挠度要求的做法是极不经济的。本例在模型调整时，在计算超限的楼板下增设次梁，不采用该选项的方法。

由于楼板的支撑梁受扭线刚度很小，近似认为可以自由转动，因此可将支撑梁看作板的不动铰支座。而中间区格板的梁两侧均有楼板，可以近似认为中间支座转角为零，将中间支座视为固定支座。点击右侧【显示边界】，便可以看到楼板计算时的边界条件。用户可检查边界条件是否存在错误，根据需要进行调整。

本例楼板的边界条件如图 6-48 所示。其中，直线部分为简支边界，齿状线部分为固定边界。

设置完边界后，点击【自动计算】，在构件上便显示出了计算配筋面积。点击不同的项目，如【实配钢筋】【裂缝】和【挠度】等，程序便会显示出相应的结果，并根据用户所作的设置，提示错误。

本例中，当选择挠度后，部分楼板的挠度显示为红色，提示挠度超限。以左下角的楼板为例，程序显示如图 6-49 所示。依照规范规定，该楼板的挠度限值为 $6000mm/200 = 30mm$。调整的方法是，增加板厚或者增设次梁。本例中选择增设次梁。我们需要找到并记录存在问题的楼板，然后回到【建筑模型与荷载输入】模块中，进行增设次梁的操作。

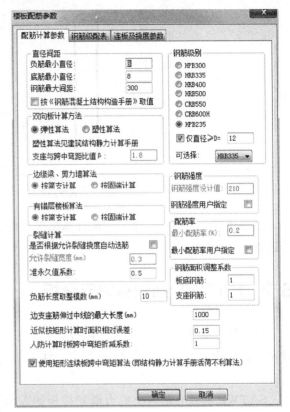

图 6-47

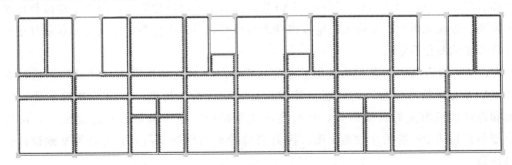

图 6-48

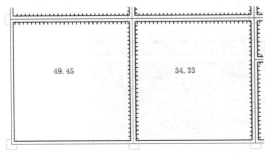

图 6-49

次梁的尺寸采用 250×500，进入到【建筑模型与荷载输入】模块，在相应的楼板正中沿建筑横向设置，如图 6-50 所示。具体的建模操作上文中已经提到，这里不再赘述，需要注意的是梁的布置需要有轴线，没有创建轴线的位置要先创建轴线。

对所有挠度超限的楼板采取相同的操作。

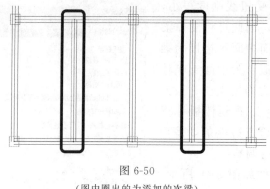

图 6-50

（图中圈出的为添加的次梁）

之后还需要根据 SATWE 中的计算结果进行模型调整，而模型的更改都需要在 PMCAD 中进行。

6.2 SATWE 结构有限元分析

SATWE 是 PKPM 软件最重要的空间结构分析软件，包括计算参数设置、特殊构件设定、特殊荷载设定、计算分析方法、计算结果分析、控制参数调整、结构设计优化等内容。

SATWE 的核心是解决剪力墙和楼板的模型化问题，尽可能减少模型化带来的误差。SATWE 以壳元理论作为基础，构造一种通用墙元来模拟剪力墙，墙元是专用于模拟多、高层结构中剪力墙的，对于尺寸较大或带洞口的剪力墙，按照子结构的基本思想，由程序自动进行细分，然后用静力凝聚原理将由于墙元的细分而增加的内部自由度消去，从而保证墙元精度和有限的出口自由度。对于楼板，SATWE 给出了四种简化假定，即假定楼板整体平面内无限刚、分块无限刚、分块无限刚带弹性连接板带以及弹性楼板，来满足工程设计中对楼板计算所需的简化假定。

SATWE 所需几何信息和荷载信息全部从 PMCAD 建立的模型中自动提取，通过补充输入 SATWE 的特有信息，例如包括特殊构件信息、温度荷载、支座位移等，就可完成墙元和弹性楼板单元的自动划分，并最终形成基础设计所需荷载。计算完成后，可以通过全楼归并接力 PK 绘梁、柱施工图，接力 JLQ 绘剪力墙施工图，并为各类基础设计软件提供荷载。

回到 PKPM 主菜单，选择 SATWE 模块，见图 6-51。

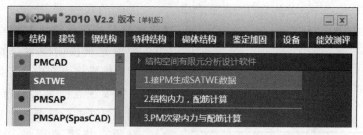

图 6-51

6.2.1 接PM生成SATWE数据

第一项菜单【接PM生成SATWE数据】的功能是在PMCAD生成的模型数据基础上，补充结构分析所需要的部分参数，并对一些特殊结构（如多塔、错层等）、特殊构件（如弹性楼板、角柱等）、特殊荷载（如温度荷载等）等进行定义，从而最终转换为结构有限元分析及设计所需的数据格式。点击【SATWE】，双击第一项【接PM生成SATWE数据】，弹出图6-52所示其子菜单对话框。

(1) 分析与设计参数补充定义

【分析与设计参数补充定义】对模型的各种参数信息进行修改或者添加，新建工程必须执行此项。【生成SATWE数据文件及数据检查】是该部分的核心，只有生成SATWE数据并检查无误后才可进行下一步。除此之外的其他项，可以根据工程实际情况来执行。

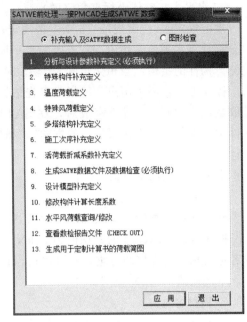

图 6-52

💡 **提示**

只要在PMCAD中修改了模型数据，或者在SATWE该部分修改了参数信息，都必须重新执行【生成SATWE数据文件及数据检查】。

① 总信息　对话框弹出后默认的标签是【总信息】，如图6-53所示，下面对部分选项进行介绍。

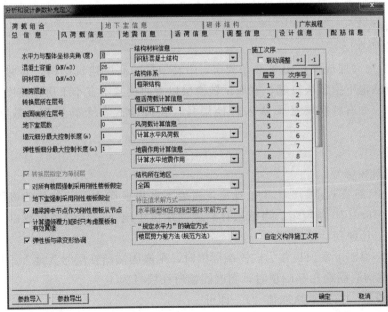

图 6-53

a. 水平力与整体坐标夹角（度）。

规范规定：《抗震规范》5.1.1条规定，"一般情况下，应至少在建筑结构的两个主轴方向分别计算水平地震作用，各方向的水平地震作用应该由该方向抗侧力构件承担"，"有斜交抗侧力构件的结构，当相交角度大于15°时，应分别计算各抗侧力构件方向的地震作用。"

操作方法：因为用户一般很难事先估算出结构的最不利地震方向，所以我们采取的方法是取默认值"0"。当计算完成后，在SATWE主菜单【分析结果图形和文本显示】的输出文件中，查看"地震作用最大的方向"，如果这个角度大于±15°，则将该角度输入此处并重新计算。

本书实例先取默认值"0"。

b. 混凝土容重。

规范规定：查看《荷载规范》附录A，给出常用材料和构件的自重表。

操作方法：PKPM的默认值为25kN/m³，该数值适合一般工程，但是采用轻质混凝土或者考虑构件装饰层的自重，则可以适当在此数值基础上减小或增大。

本例取值"26kN/m³"。

c. 钢材容重。

规范规定：查看《荷载规范》附录A，给出常用材料和构件的自重表。

操作方法：程序默认值为78kN/m³，若需要考虑钢构件表面装饰和防火土层重量，可进行适当的增加。

本例不涉及钢结构，按照程序默认不做修改。

d. 裙房层数。

规范规定：《抗震规范》6.1.3条"裙房与主楼相连，除应按裙房本身确定抗震等级外，相关范围不应低于主楼的抗震等级；主楼结构在裙房顶板对应的相邻上下各一层应适当加强抗震构造措施"。

操作方法：裙房层数需人工设定，确定时应该从结构底层起算，包括地下室。例如，地上裙房2层，地下室1层，则此处应该输入"3"。

本例取值"0"。

e. 转换层所在层号。

规范规定：'《高层规程》10.2.2条规定，带转换层的高层建筑结构，其剪力墙底部加强部位的高度应从地下室顶板算起，宜取至转换层以上两层且不宜小于房屋高度的1/10。

操作方法：如有转换层必须输入转换层号，允许输入多个转换层，数字之间以逗号隔开。

本例取值"0"。

f. 嵌固端所在层号。

规范规定：《抗震规范》6.1.3条规定，当地下室顶板作为上部结构的嵌固端时，抗震等级如何确定。6.1.10条规定，当结构计算嵌固端位于地下一层的底板或以下时，底部加强部位尚应向下延伸到计算嵌固端。

操作方法：当地下室顶板作为嵌固端部位时，则嵌固端所在层号为地上一层，即地下室层数加1。当结构嵌固端在基础顶时，则嵌固端所在层号为1。

本例不做设置，按照默认取值"1"即可。

g. 墙元细分最大控制长度。

参数含义：墙元细分最大控制长度是墙元细分时需要的一个重要参数。对于尺寸较大的剪力墙，在墙元细分形成一系列小壳元时，为确保分析精度，要求小壳元的边长不得大于给定的限值。

操作方法：工程规模较小时，建议在 0.5～1.0 之间输入；剪力墙数量较多时，可增大细分尺寸，在 1.0～2.0 之间输入。

本例不涉及剪力墙，按照程序默认取值"1"即可。

h. 对所有楼层强制采用刚性楼板假定。

规范规定：《高层规程》5.1.1 条规定，"进行高层建筑内力与位移计算时，可假定楼板在其自身平面内为无限刚性"。

参数含义："刚性楼板假定"和"强制刚性楼板假定"是两个不同概念。"刚性楼板假定"指楼板平面内无限刚，平面外刚度为零，每块板有三个公共的自由度，从属于同一块刚性板的每个节点只有三个独立的自由度，这样能大大减小结构的自由度，提高分析效率，SATWE 自动搜索全楼楼板，自动判断为刚性楼板。"强制刚性楼板假定"则不区分刚性板、弹性板，或独立的弹性节点。位于该层楼面标高处的所有节点，在计算时都将强制从属于同一刚性板。

操作方法：一般在计算位移比、周期比、刚度比等指标时建议选择。在进行结构内力分析和配筋计算时，仍要遵循结构的真实模型，不应再选择此项。

先计算位移和周期比，选中该项。

提示

① 对于复杂结构，如不规则坡屋顶、体育馆看台、工业厂房等，或者柱、墙不在同一标高，或者没有楼板等情况，如果选择强制刚性楼板假定，结构分析会产生严重失真。

② 对于错层或者带夹层的结构，总是伴有大量跃层柱，若采用强制刚性楼板假定，所有跃层柱将受到楼层约束，造成计算结果失真。

i. 墙梁跨中节点作为刚性楼板从节点。

参数含义：本项用于定义连梁的变形是否受到刚性板约束。当采用刚性楼板假定时，由于墙梁与楼板是相互连接的，因此在计算模型中，墙梁跨中节点是受到刚性板约束的。程序默认选择该项，若不选，则认为墙梁跨中节点为弹性节点，其水平面内的位移不受刚性楼板约束，此时墙梁的剪力一般比选择此项时偏小，但结构整体刚度变小，周期变大，侧移也增大。

操作方法：一般选择该项，特别在计算周期比、位移比时候，通常是强制楼板刚性假定的，而刚性板对墙梁必有约束，所以此处必须选择该项。

本例选择该项。

j. 计算墙倾覆力矩时只考虑覆板和有效翼缘。

参数含义：本项用于定义倾覆力矩的统计方式，对于 L 形、T 形等截面形式，垂直于地震作用方向的墙段称为翼缘，平行于地震作用方向的墙段称为腹板。选择此项后，墙的无效翼缘部分计入框架部分，这使结构中框架、短肢墙、普通墙倾覆力矩结果更为合理。

操作方法：程序默认不选择该项，一般应该选择该项。本例不涉及剪力墙，因此不勾选。

k. 结构材料信息。

参数含义：结构材料信息提供了钢筋混凝土结构、钢与混凝土混合结构、有填充墙钢结构、无填充墙钢结构、砌体结构。

操作方法：按照工程实际选择特定的结构材料。本例选择"钢筋混凝土结构"。

l. 结构体系。

参数含义：本项给出了多种结构体系，PKPM 将按照用户提供的结构体系自动选择相应的规范。

操作方法：按照工程实际选择相应的结构体系，本例选择"框架结构"。

提示

① 有较强竖向支撑的钢框架结构可以设置为框剪结构。

② 多、高层 SATWE 不允许选择"砌体结构"和"底框结构"，需要使用砌体版本的 SATWE（即多层 SATWE-8）。

m. 恒活荷载计算信息。

规范规定：《高层规程》5.1.9 条规定，"高层建筑结构在进行重力荷载作用效应分析时，柱、墙、斜撑等构件的轴向变形宜采用适当的计算模型并考虑施工过程的影响；复杂高层建筑及房屋高度大于 150m 的其他高层建筑结构，应考虑施工过程的影响。"

参数含义：

• 不计算恒活荷载　PKPM 不计算竖向的恒荷载和活荷载。

• 一次性加载　采用整体刚度模型，按一次加载方式计算竖向内力。优点是结构各点的变形完全协调，并且由此产生的弯矩在各点都能保持内力平衡状态。缺点是竖向荷载一次性施加到结构，造成竖向位移偏大；尤其对于高层结构而言，会使高层结构的顶部出现拉柱或梁没有负弯矩的失真现象。

• 模拟施工加载 1　在实际工程施工中，由于竖向荷载逐层增加、逐层找平，因此下层的变形对上层几乎没有影响。该选项按照逐层施加荷载，但是采用整体刚度，而不是逐层增加结构刚度。

• 模拟施工加载 2　该选项类似模拟施工加载 1 的加载方式来计算竖向内力，不同之处在于，为了防止竖向构件（如墙、柱）按自身刚度分配荷载出现的不合理情况，该选项先将竖向构件的刚度增大 10 倍来削弱竖向构件荷载按刚度的重分配，再进行荷载分配。优点是使竖向构件分配到的轴力比较均匀，外围框架受力增大，剪力墙核心筒受力略有减小，接近手算结果，传给基础的荷载也比较合理。缺点是这种方法属于经验处理方法。

• 模拟施工加载 3　该方法采用的是模拟施工加载 1 的改进方法，采用分层刚度，并分层加载，在每层加载时只用本层及以下层的刚度。缺点是计算量偏大；优点是更符合施工实际情况。

操作方法：

• 不计算恒活荷载　仅用于结构对比分析，需要去掉外加荷载的情况；实际工程不可选用。

• 一次性加载　适用于多层结构、钢结构、无明显标准楼层的结构（例如大型体育场馆）、有上传荷载的结构（如吊柱）。

• 模拟施工加载 1　适用于多高层结构。

• 模拟施工加载 2　一般用于基础设计，不用于上部结构设计；基础设计对象是当基础落在非坚硬土层上的框剪结构或框筒结构。

· 模拟施工加载 3 适用于无吊车的多高层结构，更符合工程实际，可以首选。

本例选用"模拟施工加载 3"。

n. 施工次序。

参数含义：对于选择模拟施工加载时，某些复杂结构需要调整施工次序，设定了该选项。

操作方法：例如多塔结构，按照 PKPM 默认程序，建立的每一个自然层为一个施工段，这样造成多塔结构的同一水平层被分到不同的施工段。所以需要人为地修正施工次序。另外对于传力复杂的结构（例如转换层结构、上部悬挑结构、跃层柱结构等）也会出现多楼层同时施工和同时拆模的情况。因此需要人为设定为同一施工次序，满足实际施工情况。

本例属于单塔常规结构，按默认施工次序即可。

o. 风荷载信息。

参数含义：

· 不计算风荷载 任何风荷载都不计算。

· 计算水平风荷载 仅计算 X 和 Y 方向的水平风荷载。

· 计算特殊风荷载 前提是已经通过自动生成或者用户定义了特殊风荷载，程序仅计算特殊风荷载，并将其参与进内力计算与组合中。

· 计算水平和特殊风荷载 同时计算水平风荷载和特殊风荷载。

操作方法：通常选择默认项"计算水平风荷载"即可，本书实例也选择此项。

p. 地震作用计算信息。

规范规定：

· 《抗震规范》3.1.2 条规定，"建筑设防烈度为 6 度时，除本规范有具体规定外，对乙、丙、丁类的建筑可不进行地震作用计算。"

· 《抗震规范》5.1.1 条规定，"8、9 度时的大跨度和长悬臂结构及 9 度时的高层建筑，应计算竖向地震作用。"

· 《高层规程》10.5.2 条规定，"7 度（0.15g）和 8 度抗震设计时，连体结构的连接体应考虑竖向地震的影响"。

操作方法：应该结合规范和工程实际，进行选择。

· 不计算地震作用：用于不进行抗震设防的地区的建筑，或者设防烈度为 6 度的多层结构。

· 计算水平地震作用：用于计算抗震设防烈度为 7、8 度地区的多高层建筑，以及 6 度甲类建筑。

· 计算水平和竖向地震作用：用于计算 9 度时的高层建筑，8、9 度地区的大跨度和长悬臂结构，以及 8 度地区带有连体和转换层的高层建筑。

本书实例选择"计算水平地震作用"。

② 风荷载信息 切换至【风荷载信息】标签，如图 6-54 所示。

a. 地面粗糙度。

规范规定：《荷载规范》8.2.1 条规定，"地面粗糙度分为 A、B、C、D 四类。"

操作方法：按照规范规定和工程当地情况输入地面粗糙度类别，本例选择"B 类"。

b. 修正后的基本风压。

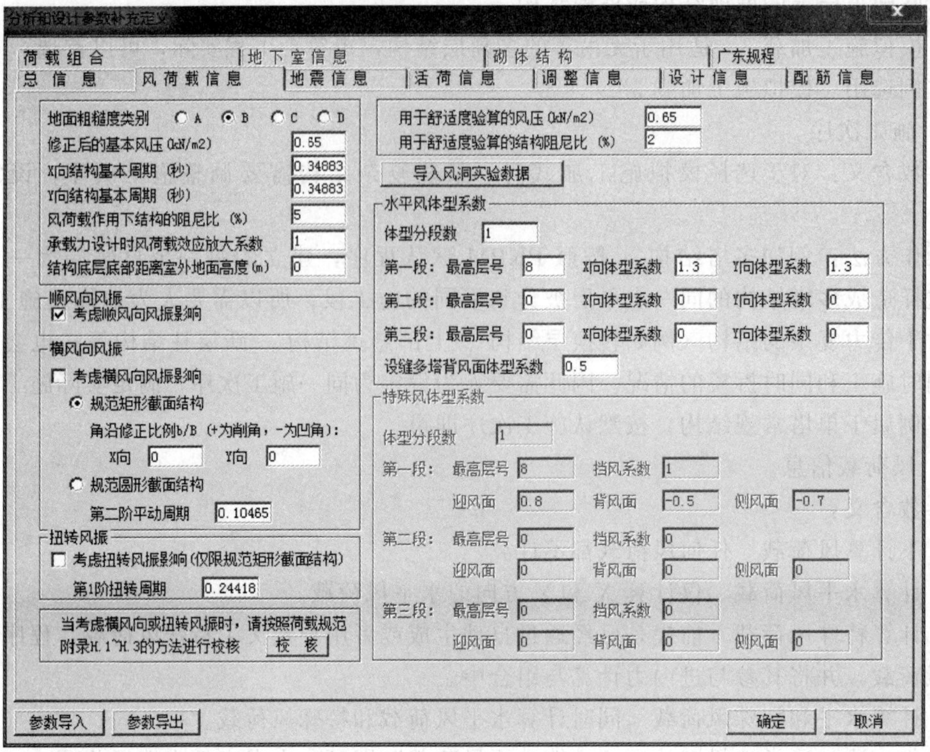

图 6-54

规范规定：《荷载规范》8.1.2 条规定，"基本风压应采用按本规范规定的方法确定的 50 年重现期的风压，但不得小于 0.3kN/m²。对于高层建筑、高耸结构以及对风荷载比较敏感的其他结构，基本风压的取值应适当提高，并应符合有关结构设计规范的规定。"

操作方法：按照《荷载规范》附表 E5 给出的各地区重现期为 50 年（即 R_{50}）的风压采用，对于部分风荷载敏感建筑，应该考虑进行修正，在进行承载力极限状态设计时在规范规定的基础上将基本风压放大 1.1～1.2 倍，对于正常使用极限状态设计，一般可采用基本风压。

本工程位于大连，$R_{50}=0.65kN/m^2$，所以输入 0.65。

c. X、Y 向结构基本周期（s）。

规范规定：《荷载规范》附录 F 给出了各类结构基本周期的经验公式。

操作方法：SATWE 分别指定 X 向和 Y 向的基本周期，用于计算 X 向和 Y 向的风荷载。对于比较规则的结构，可采用近似方法计算基本周期，框架结构 $T=(0.08\sim0.10)N$；框剪结构、框筒结构 $T=(0.06\sim0.08)N$；剪力墙结构 $T=(0.05\sim0.06)N$，其中 N 为结构层数。用户可以按照上述估算的周期输入，也可按照默认不做设置。在运行计算后，将计算书中结构的第一平动周期输入此处，重新计算，从而得到更为准确的风荷载。

本例首次计算按照默认取值，不做设置。

d. 风荷载作用下结构的阻尼比（%）。

操作方法：按照《荷载规范》8.4.4 条规定，"结构阻尼比，对钢结构取值 0.01，对钢筋混凝土结构可取 0.05。"本例输入 5%。

e. 承载力设计时风荷载效应放大系数。

操作方法：对一般结构，输入 1.0；对风荷载较敏感的结构，输入 1.1。本例输入 1.0。

f. 顺风向、横风向、扭转风振。

操作方法：一般结构都应考虑顺风向风振影响。对于横向风振作用效应明显的高层建筑以及细长圆形截面建筑，宜考虑横向风振的影响。对于扭转风振作用效应明显的高层建筑及高耸结构，宜考虑扭转风振的影响。

本例只考虑"顺风向风振影响"。

g. 用于舒适度验算的风压和结构阻尼比。

规范规定：《高层规程》3.7.6 条规定，"房屋高度不小于 150m 的高层混凝土建筑结构应满足风振舒适度要求。在《荷载规范》中规定的 10 年一遇的风荷载标准值作用下，结构顶点的顺风向和横风向振动最大加速度计算值不应该超过《高层规程》表 3.7.6 的限值。计算时结构阻尼比宜取 0.01～0.02。"

操作方法：按照《荷载规范》附表 E5 给出的各地区重现期 10 年的风压采用，结构阻尼比取值 0.01～0.02。本书实例"用于舒适度验算的风压"输入 0.4；"用于舒适度验算的结构阻尼比"输入 0.02。

h. 水平风体型系数。

操作方法：体型分段数按照结构实际体型情况决定，最多为 3 段，立面体型无变化的建筑，输入 1。本例输入 1。

③ 地震信息　切换至【地震信息】标签，如图 6-55 所示。

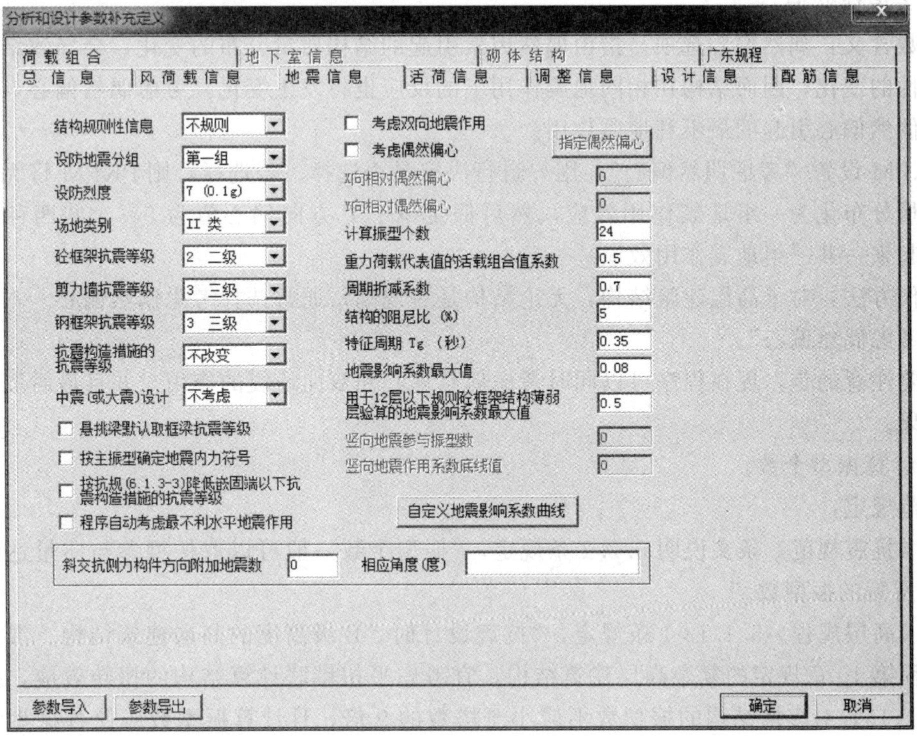

图 6-55

a. 结构规则性信息。

操作方法：不论选择"规则"还是"不规则"，程序总进行扭转耦联计算，故不必考虑结构边榀地震效应的放大。该选项目前在程序中不起作用。

b. 设防地震分组。

操作方法：按照《抗震规范》附录 A 设置的工程所在地地震分组进行选择。本书实例选择第一组。

c. 设防烈度。

操作方法：根据《抗震规范》附录 A 规定的本地区抗震设防烈度，本书实例选择"7 $(0.1g)$"。

d. 场地类别。

规范规定：《抗震规范》4.1.6 条规定，"建筑的场地类别，应根据土层等效剪切波速和场地覆盖层厚度按表 4.1.6 划分为四类，其中 I 类分为 I_0、I_1 两个亚类。"

操作方法：根据条件，一般由工程地质勘测报告给出，输入工程所在地的场地类别，本例选择"II类"。

e. 考虑双向地震作用。

规范规定：《抗震规范》5.1.1～5.1.3 条规定，质量和刚度分布明显不对称的结构，应考虑双向水平地震作用下的扭转影响。

操作方法：对于质量和刚度分布不对称的结构，选择该项。当楼层位移比或层间位移比超过 1.2，考虑双向地震。本例第一次计算得到周期和位移，根据第一次计算结果进行选择。首次计算不选择该项。

f. 考虑偶然偏心。

参数含义：偶然偏心选项是指由偶然因素引起的结构质量分布的变化，会导致结构固有振动特性的变化，因而结构在相同地震作用下的反应也将发生变化。考虑偶然偏心，也就是考虑由偶然偏心引起的最不利地震作用。

PKPM 设置"考虑偶然偏心"，用户自行决定是否选择。若选择，则 PKPM 将无偏心的初始质量分布化为一组地震作用效应，然后假定 X、Y 方向偏心值为 5%，共四种偏心方式；合起来一共三组地震作用效应。

操作方法：对于高层建筑结构，无论结构是否规则，通常选择考虑偶然偏心。本书实例选择"考虑偶然偏心"。

需要注意的是，现在程序可以同时考虑偶然偏心和双向地震的作用，并且最后取两者最不利结果。

g. 计算振型个数。

规范规定：

• 《抗震规范》条文说明 5.2.2 条规定，"振型个数一般可以取振型参与质量达到总质量 90% 所需的振型数。"

• 《高层规程》5.1.13-1 条规定，"抗震设计时，B 级高度的高层建筑结构、混合结构和本规程第 10 章规定的复杂高层建筑结构，宜考虑平扭耦联计算结构的扭转效应，振型数不应小于 15，对多塔结构的振型数不应小于塔数的 9 倍，且计算振型数应使各振型参与质量之和不小于总质量的 90%。"

操作方法：当仅计算水平地震作用或用规范法计算竖向地震作用时，振型数应至少取 3，为了使每阶振型都尽可能得到两个平动振型和一个扭转振型，振型数最好是 3 的倍数，但不能超过结构的固有振型总数。当需要考虑耦联效应时，振型数≥9，且≤$3n$（n 为结构层数）；对于高层建筑，振型数先取15，多层可直接取$3n$，进行计算，通过检验质量参与系数是否达到90％。当不考虑耦联效应时，振型数≥3，且≤n。

本书实例"计算振型个数"取值24。

h. 重力荷载代表值的活载组合值系数。

参数含义：计算地震作用时，建筑的重力荷载代表值取结构及构件的自重和可变荷载的组合值。可变荷载组合值系数一般这样取值：按实际情况计算的楼面活载组合值系数为1.0；按等效均布荷载计算的楼面活荷载（民用建筑）组合值系数为0.5。

取值方法：根据工程实际设定该系数，本例取值0.5。

i. 周期折减系数。

操作方法：周期折减的目的是考虑框架结构和框架-剪力墙结构的填充墙刚度对计算周期的影响。对于框架结构，若填充墙较多，取值0.6～0.7；若填充墙较少，取值0.7～0.8。对于框剪结构，可取0.7～0.8。纯剪力墙结构周期可不折减。

本例"周期折减系数"取值0.7。

j. 自定义地震影响曲线。

操作方法：点击该选项，弹出对话框，可以选择查看按规范公式确定的地震影响系数曲线，如图6-56所示，并可在此基础上根据需要进行修改，形成自定义的地震影响系数曲线。

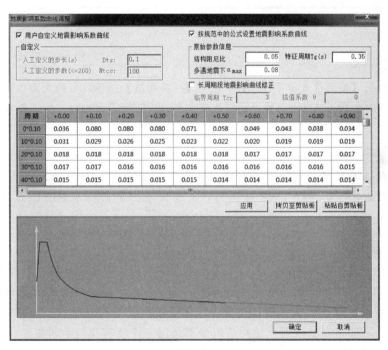

图6-56

④ 活荷信息　切换至【活荷信息】标签，本例设置情况如图6-57所示。

a. 柱与墙设计、传给基础时的活荷载是否考虑折减。

参数含义：作用在楼面的活荷载，不可能以标准值的大小同时满布在所有楼面上。故在设计梁、柱、墙、基础时，对楼面活载进行折减。

操作方法：本例选择折减。

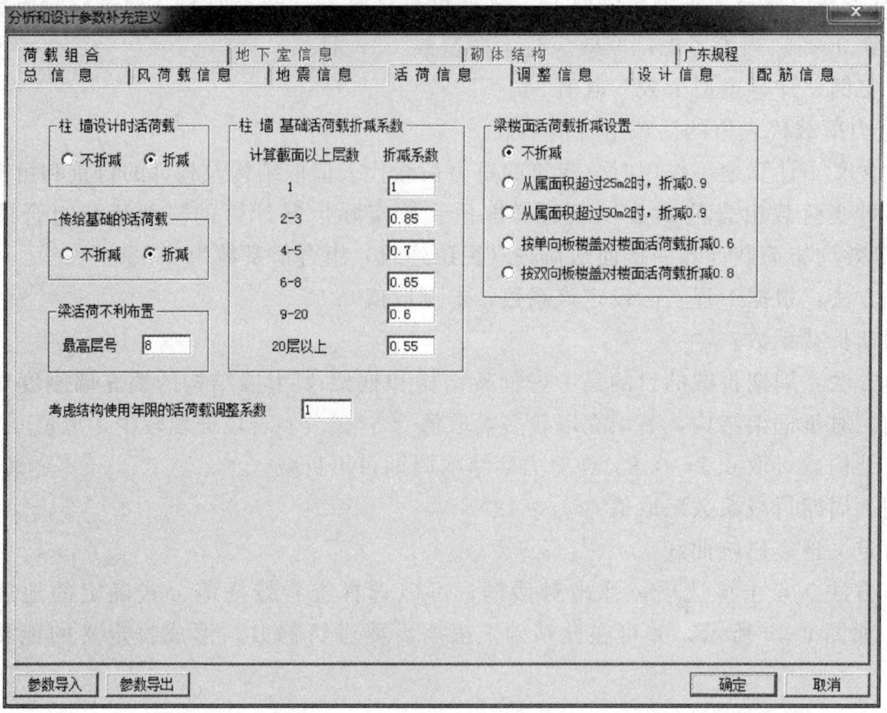

图 6-57

> **注意**
>
> 在 PMCAD 的【楼面荷载传导计算】中也有【荷载折减】选项，若两处都选折减，则荷载折减系数会累加，即在 PMCAD 中折减过的荷载将在 SATWE 中再次折减，使结构不安全。

> **提示**
>
> 此处"传给基础的活荷载"是否折减仅用于 SATWE 设计结果的文本及图形输出，在接力 JCCAD 基础设计时，SATWE 传递的内力为没有折减的标准内力，由用户在 JCCAD 中另行设置折减系数。

b. 梁活荷载不利布置

参数含义：若将该选项输入"0"，则表示不考虑梁活荷载不利布置；若输入大于零的数 N_x，表示 $1 \sim N_x$ 各层考虑梁活荷载不利布置，而 N_{x+1} 至顶层不考虑梁活荷载不利布置。若直接输入所有楼层数 N，则所有楼层都将考虑梁活荷载不利布置。

操作方法：一般多高层混凝土结构应取全部楼层考虑活荷载的不利布置。本例"梁活荷载不利布置最高层号"输入 8。

表 6-2　活荷载按楼层的折减系数

墙、柱、基础计算截面以上的层数	1	2~3	4~5	6~8	9~20	>20
计算截面以上各楼层活荷载总和的折减系数	1.00	0.85	0.70	0.65	0.60	0.55

c. 柱、墙、基础活荷载折减系数。

操作方法：根据《荷载规范》5.1.2 条进行取值，活荷载按楼层的折减系数见表 6-2。本例按照 PKPM 默认取值即可。

⑤ 调整信息　切换至【调整信息】标签，对话框如图 6-58 所示。

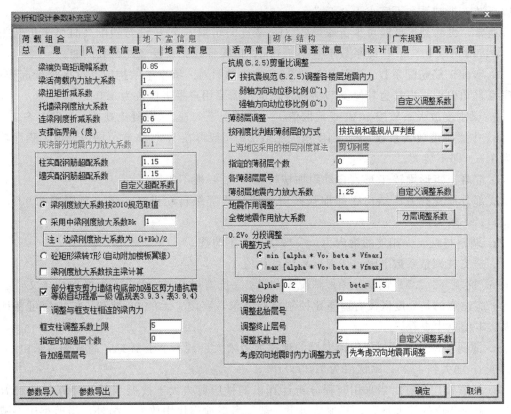

图 6-58

该标签下，各选项按照 PKPM 给定的默认值即可。

各参数介绍如下。

a. 梁端负弯矩调幅系数。《高层规程》5.2.3 条规定，装配整体式框架梁端负弯矩调幅系数可取为 0.7～0.8，现浇框架梁端负弯矩调幅系数可取为 0.8～0.9。默认值为 0.85。

b. 梁活荷载内力放大系数。当未考虑活荷载的不利布置时，梁活荷载内力偏小，程序通过此参数来放大梁在满布活荷载下的内力（包括弯矩、剪力、轴力），然后与其他活荷载工况进行组合。一般工况建议取 1.1～1.2。已考虑活荷载不利布置时，取 1.0。

c. 梁扭矩折减系数。《高层规程》5.2.4 条规定，高层建筑结构楼面梁受扭计算时应考虑现浇楼盖对梁的约束作用。当计算中未考虑现浇楼盖对梁扭转的约束作用时，可对梁的计算扭矩予以折减。梁扭矩折减系数应根据梁周围楼盖的约束情况确定。对于现浇楼板结构，采用刚性楼板假定时，折减系数取值范围为 0.4～1.0，一般取 0.4。

d. 托墙梁刚度放大系数。在框支剪力墙转换结构中，由于程序计算框支梁和梁上的剪力墙分别采用梁单元和壳单元两种不同的计算模型，因此造成剪力墙下边缘与转换大梁的中性轴变形协调，而与转换大梁的上边缘变形不协调。为了真实反映转换梁刚度，使用该放大系数，一般取 100。当为了使设计保持一定的富裕度时，也可少考虑或不考虑该系数。

本例不涉及剪力墙，按默认取值。

e. 连梁刚度折减系数。《抗震规范》6.2.13条规定，"抗震墙地震内力计算时，连梁的刚度可折减，折减系数不宜小于0.50。"

《高层规程》5.2.1条规定，"高层建筑结构地震作用效应计算时，可对剪力墙连梁刚度予以折减，折减系数不宜小于0.5。"

通常，设防烈度低时可少折减一些（6、7度时可取0.7）；设防烈度高时可多折减一些（8、9度时可取0.5）。折减系数不宜小于0.5，以保证连梁承受竖向荷载的能力。

f. 实配钢筋超配系数。默认值为1.15。本参数只对一级框架结构或9度区框架起作用，程序可自动识别。当其为其他类型结构时，也不需要用户手工修改为1.0。

g. 梁刚度放大系数按2010规范取值。一般情况下勾选。《混凝土规范》5.2.4条。

h. 中梁刚度放大系数 Bk。刚度增大系数 Bk 一般可在1.0～2.0范围内取值，程序默认值为1.0。即不放大。

i. 混凝土矩形梁转T形（自动附加楼板翼缘）。一般不勾选。

j. 部分框支剪力墙结构底部加强区剪力墙抗震等级自动提高一级（高规表3.9.3、表3.9.4）。一般勾选。

k. 调整与框支柱相连的梁内力。一般情况下不勾选。

l. 框支柱调整系数上限。一般取程序默认值5。

m. 抗规（5.2.5）调整。一般情况下勾选。《抗震规范》5.2.5条为强制性条文，必须执行。应注意的是6度区没有剪重比控制指标要求，宜按 $\lambda = 0.008$ 控制。该内容可在计算结果文本信息中查看。

n. 薄弱层调整。抗规规定薄弱层的地震剪力增大系数不小于1.15，高规则要求由02规程的1.15增大到1.25。默认值为1.25。

o. 地震作用调整。当采用时程分析计算出的楼层剪力大于按振型分解计算的地震剪力时，应乘以相应的放大系数，其他情况下一般不考虑地震作用放大。另外，当剪重比不满足要求太多，在调整结构布置无效时，可考虑通过加大地震作用来满足剪重比的要求。可通过此参数来放大地震作用，提高结构的抗震安全度，其经验取值范围是1.0～1.5。

p. 0.2V0分段调整。调整起止层号由用户指定，仅用于框剪结构和钢框架-支撑（剪力墙）结构体系，对应《高层规程》8.1.4条和《抗震规范》6.2.13条及高层民用《钢结构规程》5.3.3条的要求。

q. 指定的加强层个数。《抗震规范》6.1.10条：抗震墙底部加强部位的范围，应符合下列规定。

• 底部加强部位的高度，应从地下室顶板算起。

• 部分框支抗震墙结构的抗震墙，其底部加强部位的高度，可取框支层加框支层以上两层的高度及落地抗震总高度的1/10两者的较大值。其他结构的抗震墙，房屋高度大于24m时，底部加强部位的高度可取底部两层和墙体总高度的1/10两者的较大值；房屋高度不大于24m时，底部加强部位可取底部一层。

• 当结构计算嵌固端位于地下一层的底板或以下时，底部加强部位尚宜向下延伸到计算嵌固端。

r. 各加强层层号。根据《抗震规范》6.1.10条并结合工程实际情况填写。

⑥ 设计信息　切换至【设计信息】标签，如图6-59所示。

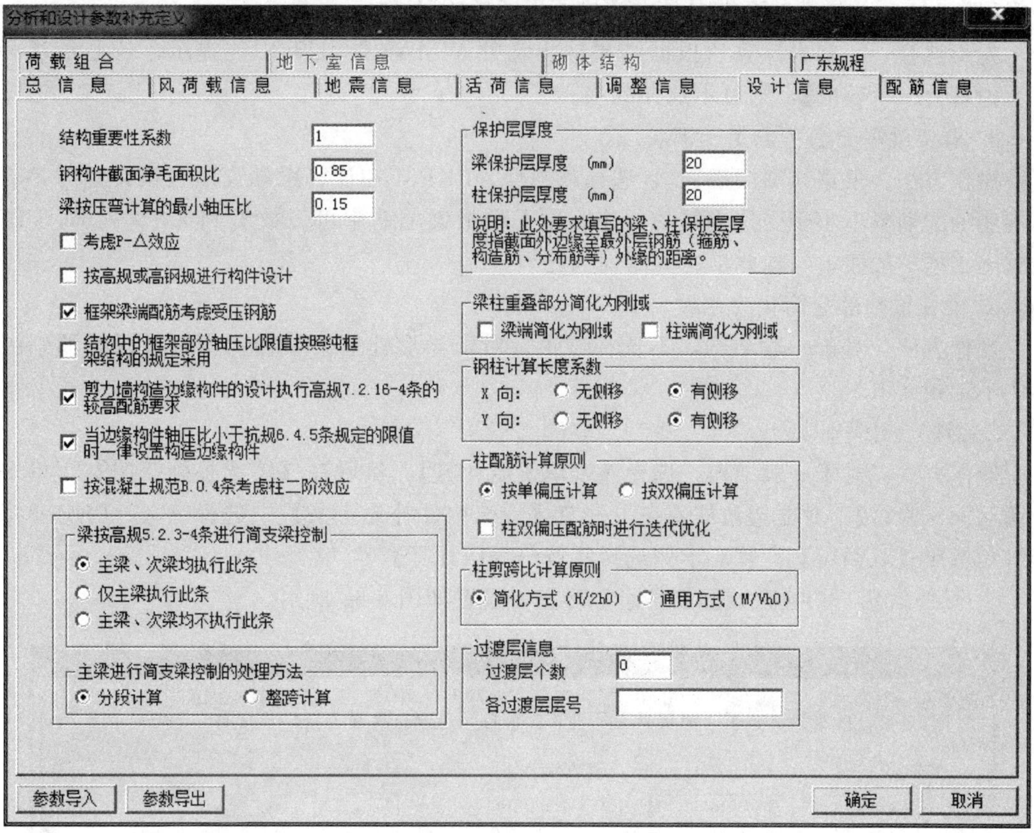

图 6-59

a. 结构重要性系数。

操作方法：根据《混凝土规范》，在持久设计状况和短暂设计状况下，对安全等级为一级的结构构件不应小于 1.1；对安全等级为二级的结构构件不应小于 1.0；对安全等级为三级的结构构件不应小于 0.9。本例采用 1.0。

b. 钢构件截面净毛面积比。

操作方法：该参数用于描述钢截面被开洞后的削弱情况。该值仅影响强度计算，不影响应力计算。当构件连接采用全焊接连接时输入 1.0；当采用螺栓连接时输入 0.85。

c. 考虑 P-Δ 效应。

规范要求：《抗震规范》3.6.3 条规定，当结构在地震作用下的重力附加弯矩大于初始弯矩的 10％时，应计入重力二阶效应的影响。《高层规程》5.4.1 条和 5.4.2 条规定了高层建筑结构需考虑重力二阶效应的条件，以及计算要求。

参数含义：建筑结构的二阶效应由两部分组成：P-δ 效应和 P-Δ 效应。P-δ 效应指的是构件在轴向压力作用下，自身发生挠曲引起的附加弯矩，可称为构件挠曲二阶效应。附加弯矩与构件的挠曲形态有关，一般中间大，两端小。P-Δ 效应是指由结构的水平变形引起的重力附加效应，可称为重力二阶效应。结构在水平力作用下发生水平变形后，重力荷载因该水平变形而引起附加效应，结构发生的水平侧移绝对值越大，P-Δ 效应越显著。若结构的水平变形过大，则可能因重力二阶效应而导致结构失稳。

操作方法：对于一般的混凝土结构可不考虑 P-Δ 效应，只有高层钢结构和不满足《高层规程》5.4.1 条要求的高层混凝土结构可不考虑 P-Δ 效应。

先不选择，经初次计算后根据结果输出文件 WMASS.OUT 中的提示，若显示【可以不考虑重力二阶效应】，则可不选择此项。

d. 框架梁端配筋考虑受压钢筋。

操作方法：根据《高层规程》，选择该项后，PKPM 在计算梁端支座抗震设计时，若受压钢筋的配筋率不小于受拉钢筋的一半，则梁端最大配筋率可以放宽到 2.75%。对于钢筋混凝土结构一般建议勾选此项。本例勾选此项。

e. 梁柱重叠部分简化为刚域。

操作方法：对于一般结构，不选择该项。对于异形柱框架结构，应选择【梁端刚域】。本例不选择此项。

f. 钢柱筋计算原则。

操作方法：对于一般结构，选择【按单偏压计算】，然后在【墙梁柱施工图】菜单中进行【双偏压验算】。对框架角柱，在下一节【特殊构件补充定义】中进行定义，PKPM 将对其自动按照【双偏压】计算。本例选择【按单偏压计算】。

⑦ 配筋信息　切换至【配筋信息】标签，设置如图 6-60 所示。

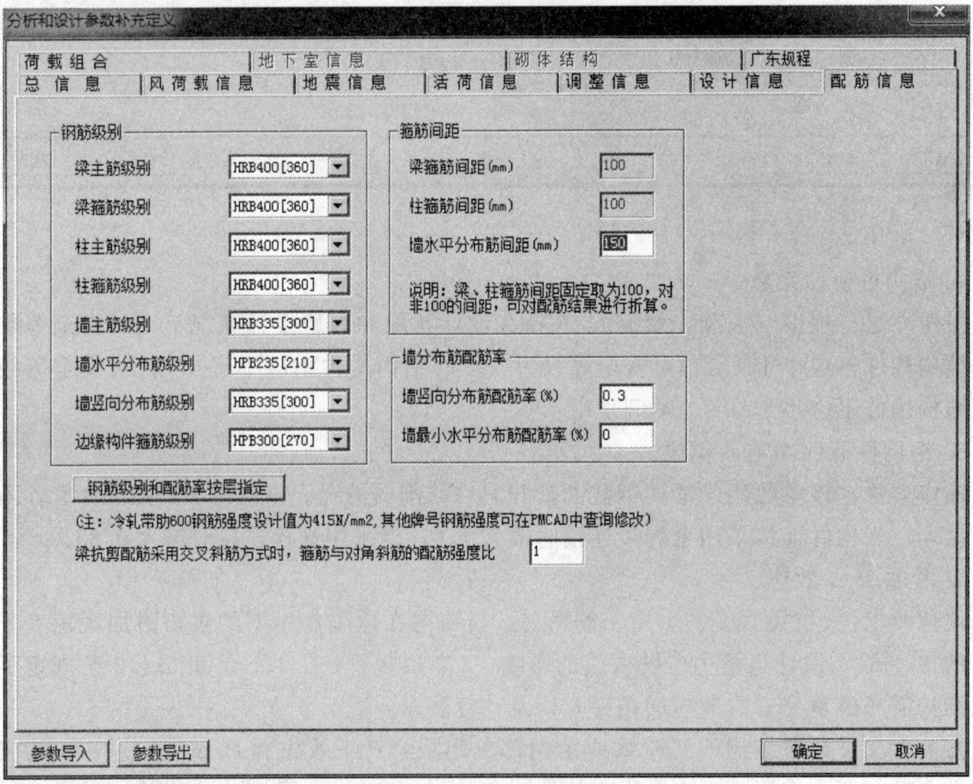

图 6-60

该标签下，【钢筋级别】选项，所有钢筋选用"HRB 400"级钢筋；【钢筋间距】采用 PKPM 默认值即可，因为默认值符合规范要求。

⑧ 荷载组合　【荷载组合】标签下，各类荷载的分项系数一般按照最新的《荷载规范》《高层规程》《混凝土规范》进行设置，所以采用 PKPM 默认值即可。除非特殊工程，一般

不修改上述参数。

本例采用 PKPM 默认值。

(2) 特殊构件补充定义

在这里，进行特殊构件的定义，本例中为次梁设置铰支座，并设置角柱。本节仅介绍相关命令。

① 特殊梁　通过本菜单可以设置八类特殊梁，通过"一端铰接""两端铰接"可以定义铰支座。

次梁边支座设置为铰接后，次梁底筋加大，支座负筋减少，能够承受的弯矩减小，在达到某个弯矩的情况下，次梁开裂，弯矩释放，传给主梁的扭矩也会减小，使得主梁偏安全。而且按刚接处理在绝大多数情况下无法满足钢筋锚固要求。梁内受拉钢筋应锚如柱（墙）内的长度很长，施工质量很难保证；若改为铰接，则锚固长度可大大减小，容易实现。

本例中次梁均为单跨，点击右侧【特殊梁】>【两端铰接】，之后在图中选择相应的梁。添加完成后，该梁的两端各出现一个红色小圆点，表示梁端为铰接，再点一次则可取消铰接定义。选择【一端铰接】，点击左键，为鼠标靠近的梁端设置铰支座。设置完铰支座的次梁显示见图 6-61。

② 特殊柱　该菜单可以设定五类特殊柱，包括铰接柱、角柱、转换柱、门式钢柱、水平转换柱，同时，程序还可以有选择地修改柱的抗震等级、材料强度、剪力系数。

角柱是指建筑物角部柱的两个方向各只有一根框架梁与之相连的框架柱。故建筑凸角处的框架柱为角柱，而凹角处的框架柱并非角柱。定义为角柱后，程序按《抗震规范》对角柱进行内力调整，对抗震等级为二级及二级以上的角柱按双向偏心受压构件进行配筋验算。

点击右侧【特殊柱】>【角柱】，在图中选择柱，选中后，程序会在该柱的右上方标注"角柱"，见图 6-62。

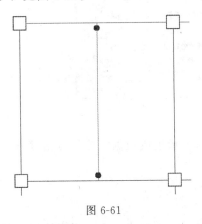

图 6-61

角柱

图 6-62

(3) 生成 SATWE 数据文件及数据检查（必须执行）

本菜单是 SATWE 前处理的核心，其功能是综合 PMCAD 建模数据和前述几项菜单输入的补充信息，将其转换成空间结构有限元分析所需的数据格式。所有工程都必须执行本菜单，正确生成数据并通过数据检查后，方可进行下一步分析计算。

本例中，不需要进行其他几项设置，仅简单介绍各部分设置的内容。

温度荷载定义：当结构受到较大温度差影响时，SATWE 可以通过指定结构节点的温差，来反映结构温度变化，定义结构温度荷载，实现温度应力分析。

特殊风荷载定义：对于平、立面变化比较复杂，或者对风荷载有特殊要求的结构或某些部位，例如空旷结构、体育场馆、工业厂房、轻钢屋面、有大悬挑结构的广告牌、候车站、收费站等，普通风荷载的计算方式可能不满足要求，此时，可使用本菜单的【自动生成】功能以更精细的方式自动生成风荷载，还可在此基础上进行修改。即特殊风荷载的定义方式有两种：程序自动生成和用户补充定义。

多塔结构补充定义：塔是个工程概念，指的是四边都有迎风面且在水平荷载作用下可独自变形的建筑体部。将多个塔建同一个大底盘体部上，叫多塔结构。本菜单是为了补充定义结构的多塔信息，对于非多塔结构，可跳过此项菜单，直接执行【生成 SATWE 数据文件及数据检查（必须执行）】，程序自动按照非多塔结构进行设计。

选择【生成 SATWE 数据文件及数据检查（必须执行）】后，弹出图 6-63 所示的对话框。在对话框中可以根据需要保留某些信息，并设置剪力墙边缘构件的类型以及构造边缘构件尺寸。本例按照默认即可，点击【确定】后，程序开始生成数据，并执行数据检查。如有错误，会在数检报告中输出有关错误信息，用户可以在【查看数检报告文件（CHECK.OUT）】中查看相关信息。

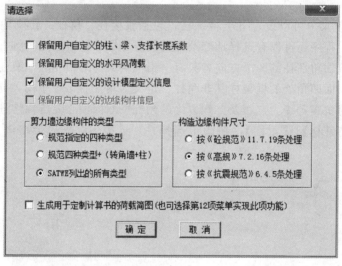

图 6-63

数据生成完毕无错误后，弹出图 6-64 所示对话框提示生成数据完成，点击【确定】退出即可。

6.2.2 结构内力，配筋计算

SATWE 菜单中的第二项为【结构内力，配筋计算】，通过这一项，程序按照现行规范进行荷载组合、内力调整，然后计算钢筋混凝土构件梁、柱、剪力墙的配筋。

进入【结构内力，配筋计算】后，程序弹出图 6-65 所示的对话框。本例采用默认的设置。下面简单介绍对话框中的参数。

生成传给基础的刚度：通常基础与上部结构总是共同工作的，从受力角度看它们是一个不可分割的整体，SATWE 软件不仅可以向 JCCAD 基础软件传递上部结构的荷载，还能将上部结构的刚度凝聚到基础上，使地基变形计算更符合实际情况。当基础设计需要考虑上部结构刚度影响时，选择该项，否则不选。

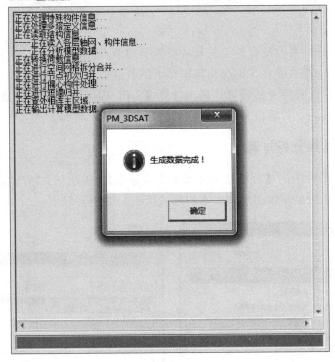

图 6-64

地震作用分析方法：程序提供了以下两种地震作用分析方法。

① 总刚分析法，是直接采用结构的总刚和与之相应的质量矩阵进行地震反应分析，这是详细的分析方法。这种方法精度高，适用范围广，可以准确分析出结构各楼层各构件的空间反映，适用于分析有弹性楼板或楼板开大洞的复杂建筑结构。不足之处是计算量大、速度慢。

② 侧刚分析法，是指按侧刚模型进行结构振动分析，这是一种简化计算方法，只适用于采用楼板平面内无限刚假定的普通建筑和采用楼板分块平面内无限刚假定的多塔建筑。此

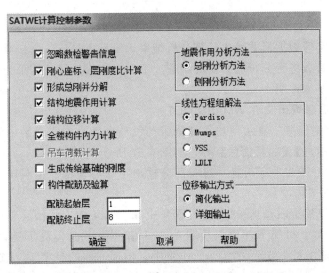

图 6-65

方法的优点是分析效率高，但当定义有弹性楼板或有不与楼板相连的构件时，其计算是近似的，会有一定的误差。

位移输出方式如下。

① 简化输出。计算书中没有各工况和各振型下的节点位移信息。

② 详细输出。计算书中有各工况和各振型下的节点位移信息。

点击【确定】后，程序开始计算，弹出计算【SATWE 计算分析过程】对话框，显示出计算进度，计算完成后，对话框自动关闭回到程序 SATWE 界面。

6.2.3　计算结果分析与调整

点击 SATWE 菜单中的【分析结果图形和文本显示】，弹出 STAWE 后处理对话框。显示了结构计算的各项结果，以图形和文本的形式给出，见图 6-66。

图 6-66

通过数字和文字等数据形式给出计算分析结果，设计人员应认真核对计算结果，对不满足规范要求的控制参数进行分析和必要的调整。下面以初次计算的结果为例，对计算控制参数的分析与调整做详细说明。

(1) 结构设计信息输出文件 WMASS. OUT

① 结构分析控制信息　显示用户在【分析与设计参数补充定义】中设定的参数，包括【总信息】【风荷载信息】【地震信息】等，如图 6-67 所示。

② 各层的质量、质心坐标信息　这一部分输出了质心坐标、恒载质量、活载质量、质量比等信息，见图 6-68。

其中，需要重点检查质量比。《高层规程》中 3.5.6 条规定，楼层质量沿高度宜均匀分布，楼层质量不宜大于相邻下部楼层质量的 1.5 倍。程序也会提示错误。图中可以看到"（＞1.5 不满足高规 3.5.6 条）"的提示。本例中，出现问题的是第 1、2 标准层。而第 1 标准层是为了计算地基梁而创建的，仅包含地基梁。第 2 标准层是结构的首层，其余楼层的质

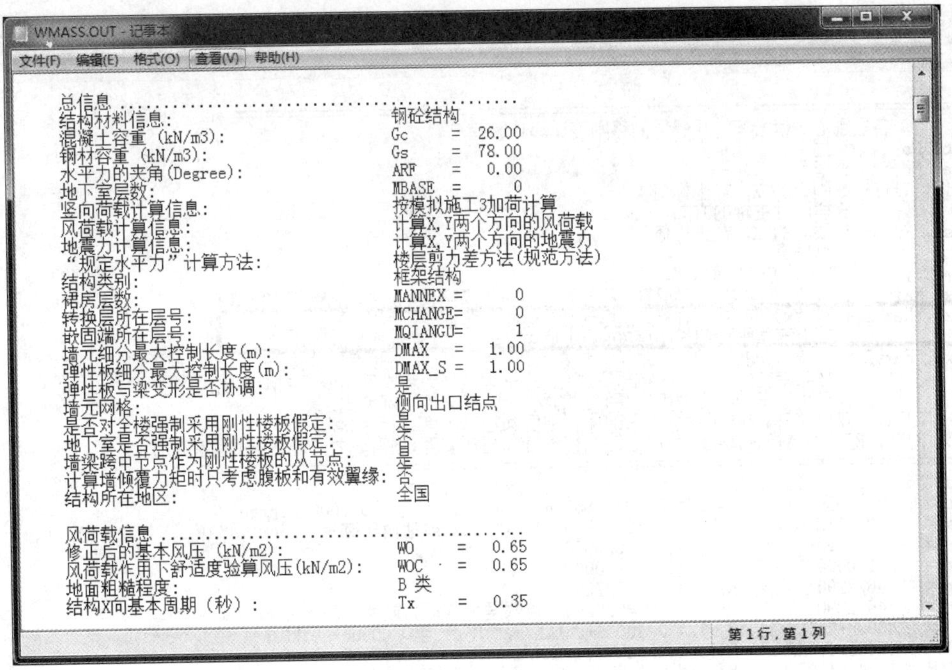

WMASS.OUT - 记事本

文件(F) 编辑(E) 格式(O) 查看(V) 帮助(H)

总信息	
结构材料信息:	钢砼结构
混凝土容重 (kN/m3):	Gc = 26.00
钢材容重 (kN/m3):	Gs = 78.00
水平力的夹角(Degree):	ARF = 0.00
地下室层数:	MBASE = 0
竖向荷载计算信息:	按模拟施工3加荷计算
风荷载计算信息:	计算X,Y两个方向的风荷载
地震力计算信息:	计算X,Y两个方向的地震力
"规定水平力"计算方法:	楼层剪力差方法(规范方法)
结构类别:	框架结构
裙房层数:	MANNEX = 0
转换层所在层号:	MCHANGE= 0
嵌固端所在层号:	MQIANGU= 1
墙元细分最大控制长度(m):	DMAX = 1.00
弹性板细分最大控制长度(m):	DMAX_S = 1.00
弹性板与梁变形是否协调:	是
墙元网格:	侧向出口结点
是否对全楼强制采用刚性楼板假定:	是
地下室是否强制采用刚性楼板假定:	否
墙梁跨中节点作为刚性楼板的从节点:	是
计算墙倾覆力矩时只考虑腹板和有效翼缘:	否
结构所在地区:	全国
风荷载信息	
修正后的基本风压 (kN/m2):	WO = 0.65
风荷载作用下舒适度验算风压(kN/m2):	WOC = 0.65
地面粗糙程度:	B 类
结构X向基本周期 (秒):	Tx = 0.35

第 1 行, 第 1 列

图 6-67

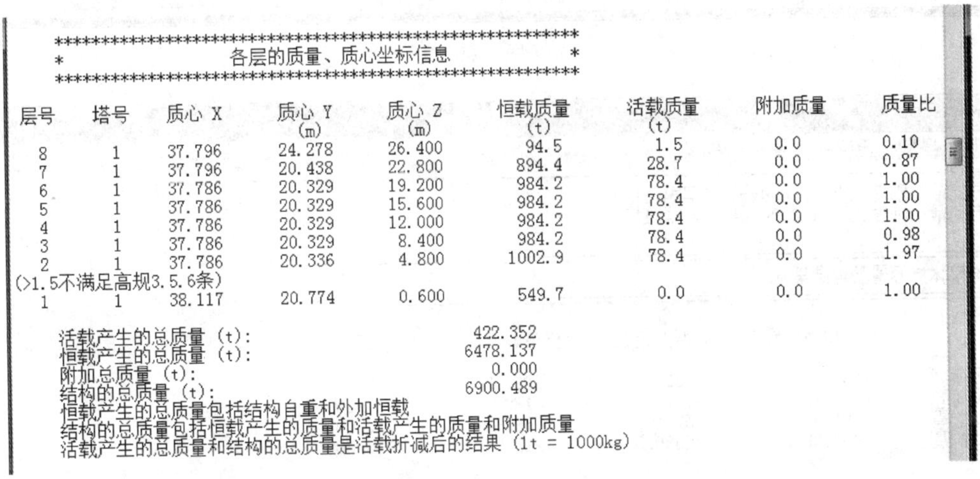

各层的质量、质心坐标信息

层号	塔号	质心 X	质心 Y (m)	质心 Z (m)	恒载质量 (t)	活载质量 (t)	附加质量	质量比
8	1	37.796	24.278	26.400	94.5	1.5	0.0	0.10
7	1	37.796	20.438	22.800	894.4	28.7	0.0	0.87
6	1	37.786	20.329	19.200	984.2	78.4	0.0	1.00
5	1	37.786	20.329	15.600	984.2	78.4	0.0	1.00
4	1	37.786	20.329	12.000	984.2	78.4	0.0	1.00
3	1	37.786	20.329	8.400	984.2	78.4	0.0	0.98
2	1	37.786	20.336	4.800	1002.9	78.4	0.0	1.97
(>1.5不满足高规3.5.6条)								
1	1	38.117	20.774	0.600	549.7	0.0	0.0	1.00

活载产生的总质量 (t): 422.352
恒载产生的总质量 (t): 6478.137
附加总质量 (t): 0.000
结构的总质量 (t): 6900.489
恒载产生的总质量包括结构自重和外加恒载
结构的总质量包括恒载产生的质量和活载产生的质量和附加质量
活载产生的总质量和结构的总质量是活载折减后的结果 (1t = 1000kg)

图 6-68

量比符合规范，因此认为质量比满足要求。

③ 各层刚心、偏心率、相邻层侧移刚度比等计算信息　这一部分的内容如图 6-69 所示。

《高层规程》3.5.2 条规定，抗震设计时，框架结构楼层与其相邻上层的侧向刚度比不宜小于 0.7，与相邻上部三层刚度平均值的比值不宜小于 0.8。

这一部分重点检查 Ratx1 和 Raty1，值不应小于 1；若小于 1 则为薄弱层。本例中满足。

④ 结构整体抗倾覆验算结果　这里给出了风荷载和地震作用下的抗倾覆验算结果，见图 6-70，要求 Mr/Mov 的比值大于 1。本例中全部满足。

⑤ 结构整体稳定性验算结果　这部分给出了结构的刚重比，根据计算结果，程序给出

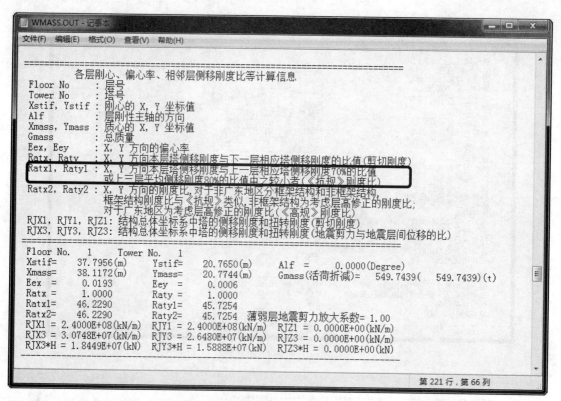

图 6-69

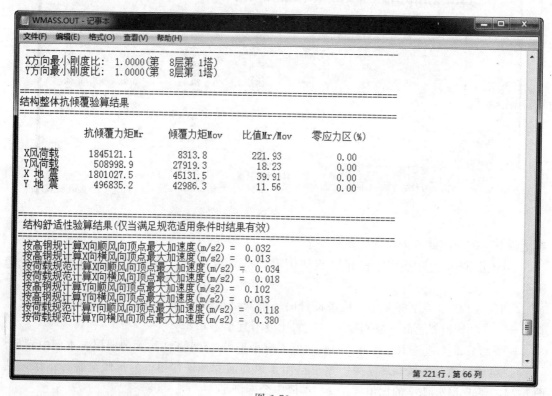

图 6-70

了是否需要考虑 $P\text{-}\Delta$ 效应的提示，如图 6-71 所示。

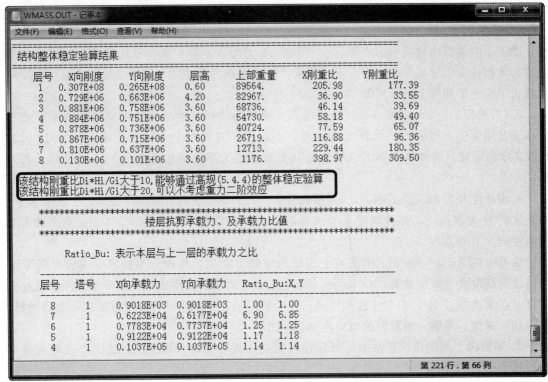

图 6-71

⑥ 楼层抗剪承载力、及承载力比值　输出结果见图 6-72。

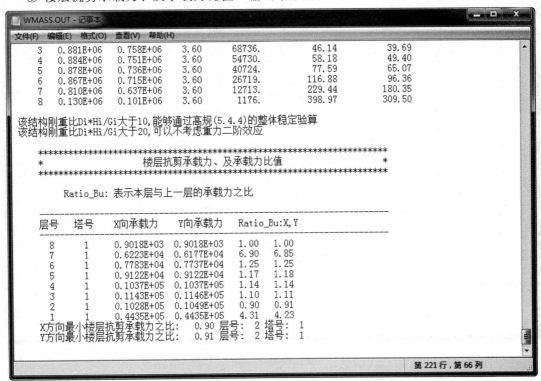

图 6-72

《抗震规范》表 3.4.3-2 规定，抗侧力结构的层间受剪承载力小于相邻上一楼层的 80%时，属于楼层承载力突变引起的结构竖向不规则。

《抗震规范》3.4.4-2 条规定，平面规则而竖向不规则的建筑，应采用空间结构计算模型，刚度小的楼层的地震剪力应乘以不小于 1.15 的增大系数，其薄弱层应按本规范有关规定进行弹塑性变形分析，并应符合下列要求：楼层承载力突变时，薄弱层抗侧力结构的受剪承载力不应小于相邻上一楼层的 65%。

《高层规程》3.5.3 条规定，A 级高度高层建筑的楼层抗侧力结构的层间受剪承载力不宜小于其相邻上一层的受剪承载力的 80%，不应小于其相邻上一层的受剪承载力的 65%。B 级高度高层建筑的楼层抗侧力结构的层间受剪承载力不应小于其相邻上一层受剪承载力的 75%。

A 级高度和 B 级高度的划分，《高层规程》3.1.1 条有规定。结构高度不大于表 3.3.1-1 中规定的为 A 级高度。结构高度大于 A 级最大适用高度但不大于表 3.3.1-2 中规定最大适用高度的为 B 级高度。

结果中的 Ratio_Bu 表示本层与上一层的承载力之比。根据分类标准，本模型属于 A 级高度钢筋混凝土高层建筑，对 Ratio_Bu 小于 0.8 的楼层，需要在"分析与设计参数补充定义（必须执行）"中，自行将这些楼层指定为薄弱层。本例结果符合规范要求，无须调整。

(2) 振型、周期、地震力输出文件 WZQ. OUT

① 周期比　周期比计算结果见图 6-73，周期比程序没有直接给出，还需要设计人员自行计算。

```
WZQ.OUT - 记事本                                              _  □  X
文件(F)  编辑(E)  格式(O)  查看(V)  帮助(H)

 振型号    周 期     转 角      平动系数 (X+Y)      扭转系数
   1      1.0049    90.04     1.00 ( 0.00+1.00 )      0.00
   2      0.9535     0.30     0.36 ( 0.36+0.00 )      0.64
   3      0.9236   179.90     0.64 ( 0.64+0.00 )      0.36
   4      0.3278    90.04     1.00 ( 0.00+1.00 )      0.00
   5      0.3106     0.22     0.50 ( 0.50+0.00 )      0.50
   6      0.3023   179.86     0.51 ( 0.51+0.00 )      0.49
   7      0.1918    90.01     1.00 ( 0.00+1.00 )      0.00
   8      0.1803     0.05     0.90 ( 0.90+0.00 )      0.10
   9      0.1751   179.65     0.12 ( 0.12+0.00 )      0.88
  10      0.1517    89.99     1.00 ( 0.00+1.00 )      0.00
  11      0.1360   179.00     0.98 ( 0.98+0.00 )      0.02
  12      0.1272   179.26     0.02 ( 0.02+0.00 )      0.98
  13      0.1208    90.81     1.00 ( 0.00+1.00 )      0.00
  14      0.1202     4.54     0.20 ( 0.20+0.00 )      0.80
  15      0.1144   179.89     0.78 ( 0.78+0.00 )      0.22
  16      0.0945    93.37     1.00 ( 0.00+0.99 )      0.00
  17      0.0943     6.14     0.58 ( 0.58+0.01 )      0.42
  18      0.0911   179.53     0.42 ( 0.42+0.00 )      0.58
  19      0.0805   176.99     0.79 ( 0.78+0.00 )      0.21
  20      0.0803    87.42     1.00 ( 0.00+1.00 )      0.00
  21      0.0778   179.01     0.21 ( 0.21+0.00 )      0.79
  22      0.0147    83.86     0.37 ( 0.00+0.37 )      0.63
  23      0.0144   100.74     0.65 ( 0.02+0.62 )      0.35
  24      0.0143     4.63     0.98 ( 0.97+0.01 )      0.02

 地震作用最大的方向 =   -89.996 （度）

                                              第1行，第1列
```

图 6-73

《高层规程》3.4.5 条规定，结构扭转为主的第一自振周期 T_t 与平动为主的第一自振周期 T_1 之比，A 级高度高层建筑不应大于 0.9，B 级高度高层建筑、超过 A 级高度的混合结构及本规程第 10 章所指的复杂高层建筑不应大于 0.85。

控制周期比的目的是使抗侧力构件的平面布置更有效、更合理，使结构不会出现过大的扭转效应。

第一、第二周期一般为平动，规范规定一般平动系数大于 0.5 的周期为平动周期，对于比较合理的模型，这个数接近 1 或者等于 1 更好。第三周期一般为扭转周期，同样扭转系数要大于 0.5，这个数接近 1 或者等于 1 最好。

本例中，第二周期为扭转，周期比为 0.9531/1.0036，大于 0.9，不满足。问题出现的原因是刚度布置不合理，应通过调整结构平面布置来改善。调整的方法和原则如下。

a. 结构抗侧力构件的布局均匀对称。

b. 增加结构周边的刚度：增大周边柱的截面或数量；增大周边梁的高度、楼板的厚度。

c. 调整梁和柱的截面，使两个方向刚度协调。

② 剪重比、有效质量系数　该部分的结果输出见图 6-74。此处只给出 X 方向结果。

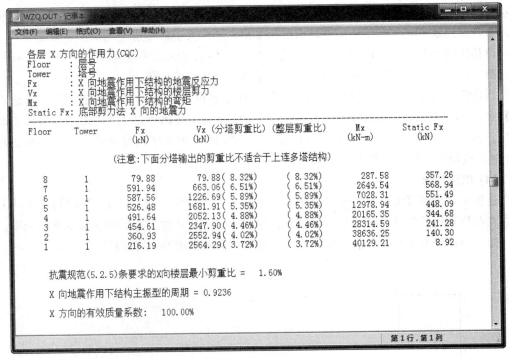

图 6-74

对于剪重比，《抗震规范》5.2.5 条有详细的规定和计算方法。正确计算剪重比，必须选取足够的振型个数，使有效质量系数大于 90%。

根据计算结果有效质量系数达到 100%，程序给出了规范规定的剪重比要求。经检查，满足了规范要求。

(3) 结构位移输出文件 WDISP. OUT

该部分结果按照工况进行输出，图 6-75 给出了工况 11 的计算结果。

《高层规程》3.4.5 条规定，在考虑偶然偏心影响的规定水平地震力的作用下，楼层竖

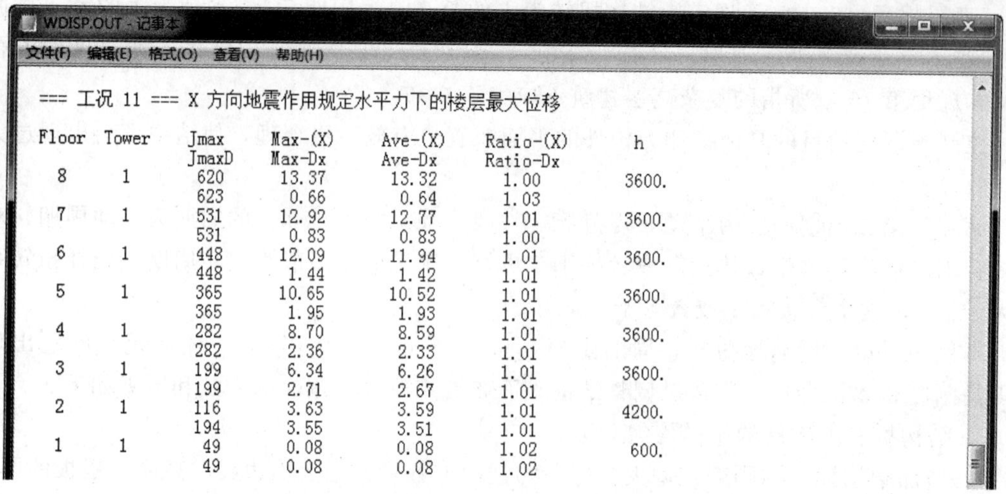

WDISP.OUT - 记事本

文件(F) 编辑(E) 格式(O) 查看(V) 帮助(H)

=== 工况 11 === X 方向地震作用规定水平力下的楼层最大位移

Floor	Tower	Jmax JmaxD	Max-(X) Max-Dx	Ave-(X) Ave-Dx	Ratio-(X) Ratio-Dx	h
8	1	620	13.37	13.32	1.00	3600.
		623	0.66	0.64	1.03	
7	1	531	12.92	12.77	1.01	3600.
		531	0.83	0.83	1.00	
6	1	448	12.09	11.94	1.01	3600.
		448	1.44	1.42	1.01	
5	1	365	10.65	10.52	1.01	3600.
		365	1.95	1.93	1.01	
4	1	282	8.70	8.59	1.01	3600.
		282	2.36	2.33	1.01	
3	1	199	6.34	6.26	1.01	3600.
		199	2.71	2.67	1.01	
2	1	116	3.63	3.59	1.01	4200.
		194	3.55	3.51	1.01	
1	1	49	0.08	0.08	1.02	600.
		49	0.08	0.08	1.02	

图 6-75

向构件的最大位移和层间位移，A 级高度建筑不宜大于该楼层平均值的 1.2 倍，不应大于该楼层平均值的 1.5 倍；B 级高度高层建筑、超过 A 级高度的混合结构及本规程第 10 章所指的复杂高层建筑不宜大于该楼层平均值的 1.2 倍，不应大于该楼层平均值的 1.4 倍。

位移比结果包含两项内容：第一，楼层竖向构件的最大水平位移与平均水平位移的比值；第二，楼层竖向构件的最大层间位移与平均层间位移的比值。

当位移比超过 1.2 时，应在 SATWE 前处理【分析与设计参数补充定义】的【地震信息】中，选择【考虑双向地震作用】。当 A 级高度建筑位移比超过 1.5，或当 B 级高度高层建筑、超过 A 级高度的混合结构及《高层规程》第 10 章中规定的复杂高层建筑位移比超过 1.4 时，应增大结构的抗扭刚度。

(4) 图形结果

这里主要介绍【图形文件输出】中的【混凝土构件配筋及钢构件验算简图】。设计人员可以在此检查构件的计算结果是否满足规范要求。本例涉及的为矩形钢筋混凝土柱和梁。

矩形钢筋混凝土柱和钢筋混凝土梁的配筋输出格式见图 6-76 和图 6-77。

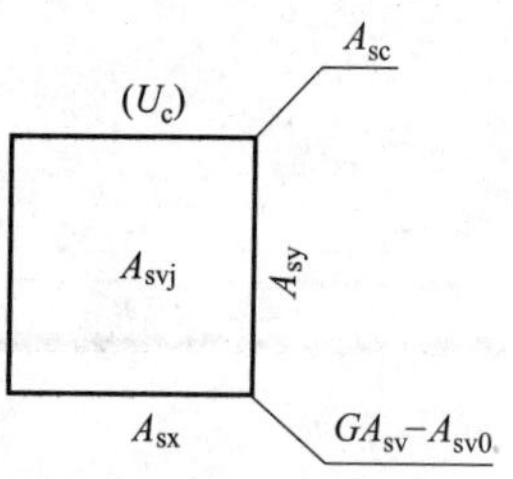

图 6-76

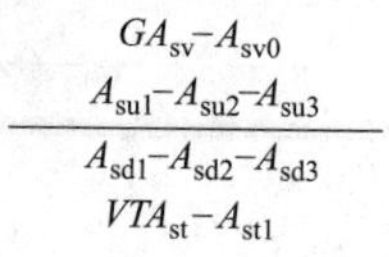

图 6-77

配筋输出中各符号含义如下。

① 矩形钢筋混凝土柱

a. A_{sc}：表示柱的一根钢筋面积，采用双偏压计算时，角筋的面积不应小于此值。

b. A_{sx}、A_{sy}：表示矩形柱两单边的配筋，包括两根角筋的面积。

c. A_{sv}：表示加密区斜截面抗剪箍筋面积。

d. A_{sv0}：表示非加密区斜截面抗剪箍筋面积。

e. A_{svj}：表示该柱节点域抗剪箍筋面积。

f. U_c：表示柱的轴压比。

g. G：表示箍筋标志。

② 钢筋混凝土梁

a. A_{sd}：表示单向对角斜筋的截面面积。

b. A_{sdv}：表示同一截面内箍筋各肢的全截面面积。

c. A_{sv}：表示梁加密区抗剪箍筋面积和剪扭箍筋面积的较大值。

d. A_{sv0}：表示梁非加密区抗剪箍筋面积和剪扭箍筋面积的较大值。

e. A_{su1}、A_{su2}、A_{su3}：表示梁上部左端、跨中、右端的配筋面积。

f. A_{sd1}、A_{sd1}、A_{sd3}：表示梁下部左端、跨中、右端的钢筋面积。

g. A_{st}：表示梁受扭纵筋面积。

h. A_{st1}：梁抗扭箍筋沿周边布置的单肢箍筋面积。

i. G、VT：表示剪扭配筋标志。

(5) 模型调整

根据前面三小节给出的计算结果，初步建立起来的模型在周期比、位移比上还存在问题，需要对结构两个方向的刚度进行调整。

将第2、3标准层横向的主梁尺寸调整为【300×700mm】；将第1、2、3标准层1轴和10轴的柱改为【600×600mm】。

回到 PMCAD 模块【建筑模型与荷载输入】进行模型修改。注意更改模型后，完成 SATWE 模块【接 PM 生成 SATWE 数据】中的相关操作。之后进行计算。

周期比计算结果如图6-78所示。

```
WZQ.OUT - 记事本
文件(F)  编辑(E)  格式(O)  查看(V)  帮助(H)

振型号    周 期     转 角      平动系数（X+Y）       扭转系数
  1      0.9336   179.92    0.99 ( 0.99+0.00 )    0.01
  2      0.9185    89.91    1.00 ( 0.00+1.00 )    0.00
  3      0.8257   179.18    0.01 ( 0.01+0.00 )    0.99
  4      0.3047   179.92    0.99 ( 0.99+0.00 )    0.01
  5      0.3004    89.92    1.00 ( 0.00+1.00 )    0.00
  6      0.2679   179.21    0.01 ( 0.01+0.00 )    0.99
  7      0.1779    90.06    1.00 ( 0.00+1.00 )    0.00
  8      0.1771     0.07    1.00 ( 1.00+0.00 )    0.00
  9      0.1530   179.11    0.04 ( 0.04+0.00 )    0.96
 10      0.1463    89.96    1.00 ( 0.00+1.00 )    0.00
 11      0.1342   179.99    0.96 ( 0.96+0.00 )    0.04
 12      0.1253   179.85    0.00 ( 0.00+0.00 )    1.00
 13      0.1140   179.73    0.96 ( 0.96+0.00 )    0.04
 14      0.1129    89.72    1.00 ( 0.00+1.00 )    0.00
 15      0.1033   179.36    0.04 ( 0.04+0.00 )    0.96
 16      0.0892   179.88    0.99 ( 0.99+0.00 )    0.01
 17      0.0879    89.87    1.00 ( 0.00+1.00 )    0.00
 18      0.0791   178.85    0.01 ( 0.01+0.00 )    0.99
 19      0.0752   179.74    0.99 ( 0.99+0.00 )    0.01
 20      0.0748    89.73    1.00 ( 0.00+1.00 )    0.00
 21      0.0667   178.50    0.01 ( 0.01+0.00 )    0.99
 22      0.0139    89.87    0.98 ( 0.00+0.98 )    0.02
 23      0.0136   179.83    1.00 ( 1.00+0.00 )    0.00
 24      0.0130    88.06    0.02 ( 0.00+0.02 )    0.98

地震作用最大的方向 =   -0.012（度）

                                                        第1行，第1列
```

图 6-78

经计算，结构扭转为主的第一自振周期 T_t 与平动为主的第一自振周期 T_1 之比：$0.8257/0.9336＝0.8844＜0.9$，满足规范要求。

位移计算结果如图 6-79 所示。

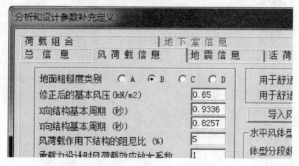

```
WDISP.OUT - 记事本                                                    _ □ X
文件(F) 编辑(E) 格式(O) 查看(V) 帮助(H)
 1    1    111     0.11      0.09      1.21        600.
           114     0.11      0.09      1.21

Y方向最大位移与层平均位移的比值:          1.21(第 1层第 1塔)
Y方向最大层间位移与平均层间位移的比值:      1.21(第 3层第 1塔)

=== 工况 16 === Y-偶然偏心地震作用规定水平力下的楼层最大位移

Floor  Tower   Jmax     Max-(Y)    Ave-(Y)    Ratio-(Y)    h
               JmaxD    Max-Dy     Ave-Dy     Ratio-Dy
 8     1       620      14.33      13.75      1.04        3600.
               623       0.95       0.89      1.07
 7     1       531      15.50      12.86      1.21        3600.
               534       1.12       0.94      1.19
 6     1       448      14.38      11.92      1.21        3600.
               451       1.80       1.50      1.20
 5     1       365      12.58      10.43      1.21        3600.
               365       2.37       1.96      1.21
 4     1       282      10.22       8.46      1.21        3600.
               282       2.81       2.33      1.21
 3     1       199       7.40       6.14      1.21        3600.
               199       3.19       2.64      1.21
 2     1       116       4.22       3.50      1.20        4200.
               116       4.10       3.41      1.20
 1     1        49       0.11       0.09      1.21        600.
                52       0.11       0.09      1.21

Y方向最大位移与层平均位移的比值:          1.21(第 1层第 1塔)
Y方向最大层间位移与平均层间位移的比值:      1.21(第 3层第 1塔)

                                                  第 351 行，第 71 列
```

图 6-79

位移比超过 1.2，应在 SATWE 前处理【分析与设计参数补充定义（必须执行）】的【地震信息】中，选择【考虑双向地震作用】。

模型调整完毕后，调整计算参数进行内力与配筋的计算。打开【SATWE】>【接 PM 生成 SATWE 数据】>【分析与设计参数补充定义（必须执行）】，根据计算结果调整参数。

【总信息】中，取消选择【对所有楼层采用刚性楼板假定】。

【风荷载信息中】，将计算得到的周期回代，见图 6-80。

图 6-80

【地震信息】中，勾选【考虑双向地震作用】。

点击【确定】完成修改。执行【生成 SATWE 数据文件及数据检查（必须执行）】。执行【SATWE】>【结构内力，配筋计算】，得到配筋结果。

6.3 墙梁柱施工图设计

这里主要介绍平法施工图的绘制。

6.3.1 梁平法施工图

(1) 设置钢筋层

进入【墙梁柱施工图】>【梁平法施工图】，程序会弹出【定义钢筋标准层】对话框，见图 6-81。

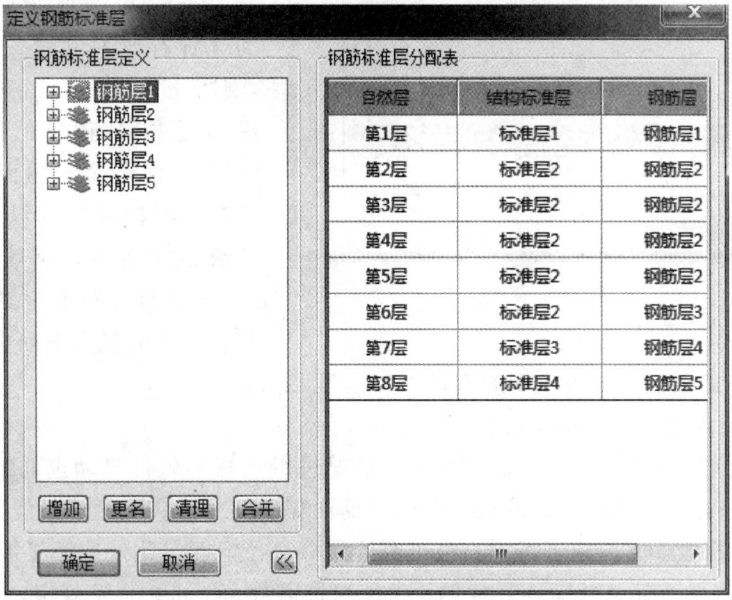

图 6-81

钢筋层与标准层不是一一对应的关系。标准层用于建模，而钢筋层用于出图，即每个钢筋层对应一张施工图，准备几张施工图就设置几个钢筋层。钢筋层由构件布置相同、受力特性近似的若干自然层组成，相同位置的构件名称相同、配筋相同。本例中，程序预先定义了 5 个钢筋层，在对话框中可以看到其与标准层的对应关系。

本例不做修改，直接点击【确定】进入施工图绘制界面。

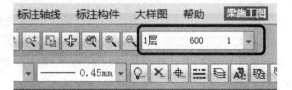

图 6-82

在页面上方的 PKPM 标准命令行中选择要编辑的标准层，见图 6-82。

(2) 设置配筋参数

点击右侧主菜单中的【配筋参数】，弹出【配筋参数】对话框，见图 6-83。

简单介绍各参数含义如下。

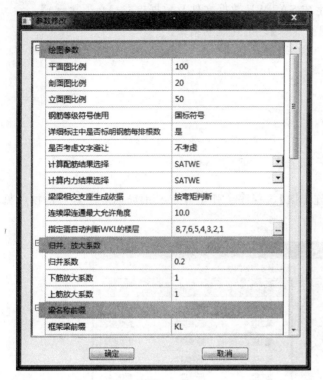

图 6-83

① 归并系数。归并系数的取值从 0 到 1，主要影响连续梁的归并。系数越小，连续梁种类越多；系数越大，连续梁种类越少。

② 上、下筋放大系数。可将计算面积放大后进行配筋，提高结构的安全储备。

③ 上、下筋优选直径。选择纵筋的基本原则是尽量使用用户设定的优选直径钢筋，尽量不配多于两排的钢筋。

④ 至少两根通长上筋。可设置为【所有梁】和【仅抗震框架梁】。《混凝土规范》11.3.7 条规定：梁端纵向受拉钢筋的配筋率不宜大于 2.5％。沿梁全长顶面和底面至少应各配置两根通长的纵向钢筋，对一、二级抗震等级，钢筋直径不应小于 14mm，且分别不应少于梁两端顶面和底面纵向受力钢筋中较大截面面积的 1/4；对三、四级抗震等级，钢筋直径不宜小于 12mm。

本例中设置为【仅抗震框架梁】。

⑤ 选主筋允许两种直径。此处根据实际情况进行选择。软件自动选筋结果可能比计算面积大一些，选择两种钢筋可以降低实际的配筋面积。如为了实配钢筋经济合理，本选项可以选择【是】；若出于方便施工考虑，也可配置同一直径钢筋，此处选择【否】。

⑥ 主筋直径不宜超过柱截面尺寸的 1/20。《抗震规范》6.3.4 条规定，"一、二、三级框架梁内贯通中柱的每根纵向钢筋直径，对框架结构不应大于矩形截面柱在该方向上截面尺寸的 1/20，或纵向钢筋所在位置圆形截面柱弦长的 1/20。"

选择该项，程序将根据连续梁各跨支座中最小的柱截面控制梁上部钢筋，但有时会造成梁上部钢筋直径小而根数多的不合理情况。需要根据实际情况进行选择。本例选择【考虑】。

⑦ 根据裂缝选筋。选择【是】后，程序会按照所输入的允许裂缝宽度来选择钢筋。《混凝土规范》表 3.4.5 对裂缝宽度进行了详细的规定。本例选择【是】，裂缝宽度采用默认【0.3mm】。

⑧ 支座宽度对裂缝的影响。当【根据裂缝选筋】选择【是】后，该项才起作用。选择【考虑】后，程序在计算支座处裂缝时会对支座负弯矩进行折减。本例选择【考虑】。

点击【确定】完成设置。程序会重新归并生成新的配筋图。

(3) 调整施工图

通过之前的设置和操作，程序会生成梁平法施工图。如果对图中某些梁的配筋结果或标注不满意，可以通过右侧主菜单中的相关命令进行调整，见图 6-84。

本例不再对施工图进行调整，仅将这部分程序命令做简单介绍。

图 6-84

图 6-85

点击【查改钢筋】后，展开下拉菜单，见图 6-85。在这一菜单中，可以用多种方法修改、拷贝、重算平法施工图中的连续梁钢筋。

图 6-86

图 6-87

点击【钢筋标注】后，展开下拉菜单，见图 6-86。可以利用这些命令调整标注的内容。

标注轴线、图名。点击界面上方【标注轴线】，打开如图 6-87 所示的下拉菜单。在菜单中选择【自动标注】，弹出【轴线标注】对话框，见图 6-88。用户可以选择轴线的标注，一般上下左右均需要标注轴号，本例在轴线开关中勾选全部标注。插入图名，在图 6-87 所示的菜单中选择【标注图名】，弹出【注图名】对话框，可对要插入的图名进行设置，见图 6-89。

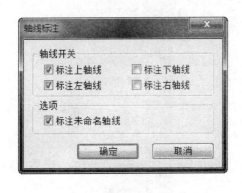

図 6-88

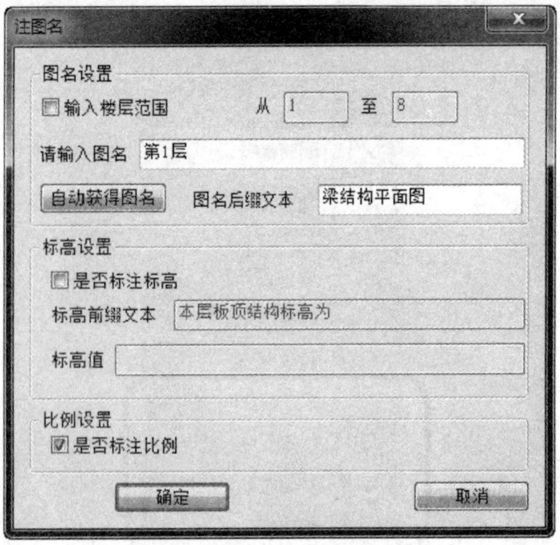

図 6-89

6.3.2 柱平法施工图

(1) 柱配筋参数设置

点击右侧主菜单【参数修改】，弹出【参数修改】对话框，见图6-90。

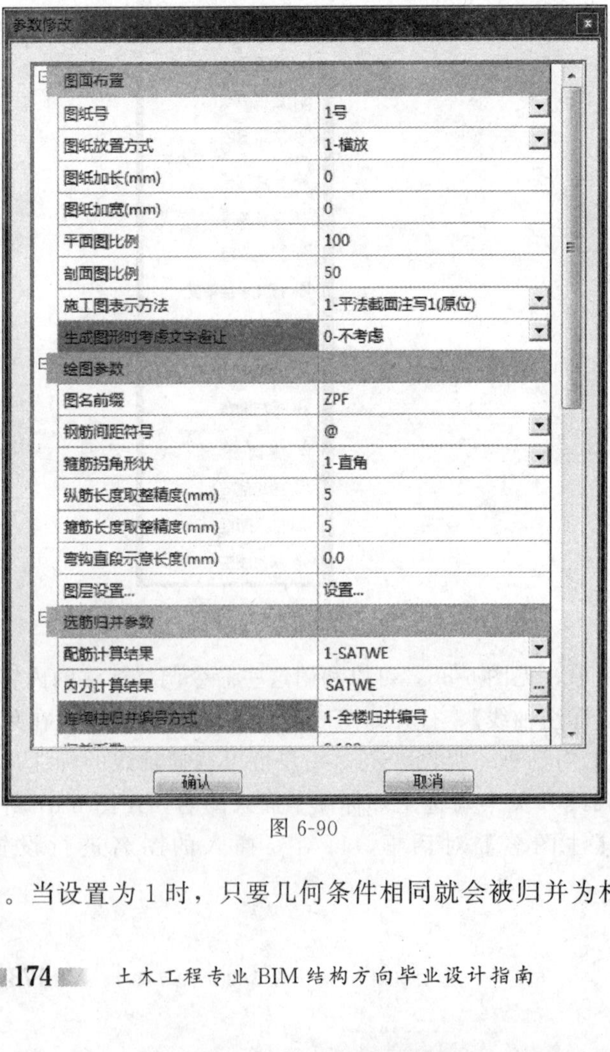

在设置参数之前，柱尚未归并，各柱显示为【未命名】。而在出施工图之前，需要对绘图、归并和配筋等参数进行设置。

生成图形时考虑文字避让，选择【1-考虑】。

计算结果，此处可以选择不同程序的计算结果，包括 TAT、SATWE、PMSAP。

连续柱归并编号方式，此处可以选择【1-全楼归并编号】或【2-按钢筋标准层归并编号】。全楼归并编号，是在全楼范围内根据用户定义的【归并系数】对连续柱列进行归并编号。按钢筋标准层归并编号，是在每个钢筋标准层的范围内根据用户定义的【归并系数】对连续柱列进行归并编号。

归并系数。取值范围为 0～1。当设置为 0 时，所有实配钢筋数据完全相同的一组柱会被标注同一编号。当设置为 1 时，只要几何条件相同就会被归并为相同的编号。

图 6-90

主筋、箍筋放大系数。只能输入≥1的数值，程序会按照计算配筋面积乘放大系数后得到的钢筋面积，进行配筋。

箍筋形式。一般不需要进行设置，程序自动判断应该采取的箍筋形式。

是否考虑节点箍筋。《抗震规范》6.3.10条有详细规定，本例选择【1-考虑】。

是否考虑上层柱下端配筋面积。通常每根柱确定配筋面积时，除考虑本层柱上、下端截面配筋面积取大值外，还要将上层柱下端截面配筋面积一并考虑。设置该参数可以由用户决定是否需要考虑上层柱下端的配筋。本例选择【0-不考虑】。

(2) 设钢筋层

同梁平法施工图相同，划分钢筋标准层后，若干自然层可使用同一张平法施工图，以减少图纸数量。

点击右侧的【设钢筋层】，程序弹出【定义钢筋标准层】对话框，操作方法与梁图相同，这里不再重复。

在柱平法施工图中，程序默认每个自然层均为一个单独的柱钢筋层，钢筋标准层数与自然层数一致。由于柱的内力与配筋主要取决于上层传来的荷载，因此即使结构标准层相同，不同自然层的柱计算配筋也会有较大差异。若强制划分成同一钢筋层，可能上层柱钢筋放大较多，不经济。

本例采用程序默认的钢筋层，在出图时再根据程序的配筋结果自行归并。

设置完成后，点击右侧主菜单中【归并】生成柱平法施工图。

标注轴线与图名在梁平法施工图的内容中已经介绍，这里不再重复。

6.3.3 楼板施工图

点击【PMCAD】＞【画结构平面图】，进入板施工图的绘制界面。

(1) 设置计算参数

点击右侧主菜单中【计算参数】，弹出【楼板配筋参数】对话框。对话框中的参数已经在之前的内容中介绍过，这里不再赘述。

(2) 设置绘图参数

点击右侧主菜单中【绘图参数】，弹出【绘图参数】对话框，见图6-91。

这一菜单中，读者根据绘图的习惯自行选择。

(3) 楼板钢筋

完成参数设置和计算后，便可以绘制钢筋。点击右侧【楼板钢筋】＞【逐间配筋】，可以使用"Tab"键更换选择方式，选择全部楼板，在图中生成钢筋。之后还可以使用【楼板钢筋】下拉菜单中的其他命令对钢筋进行调整，本例不再做调整，相关的命令不做详细介绍。

完成后需要标注轴线与图名，方法同上。

用户绘制的施工图均会存储在【工程目录/施工图】路径下。

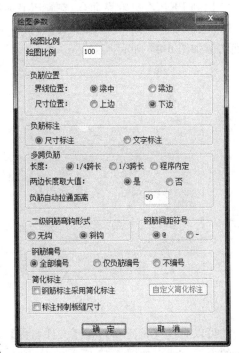

图6-91

使用 PKPM 生成的施工图，属于 PKPM 的文件格式（＊．T）。不能使用 CAD 进行编辑，用户可以在 PKPM 中，保存相应的 CAD 格式文件（＊．dwg）。操作方法是，点击【文件】＞【T 图转 DWG】，见图 6-92，会向"施工图"文件夹中保存 DWG 格式施工图文件。其余的施工图与此相同。

图 6-92

6.4　整榀框架施工图

在本科毕业设计中，经常用到整榀框架的内力图和施工图。所以本书对该部分内容进行介绍，便于本科毕业生学习。绘制整榀框架的施工图，首先需要在 PMCAD 模块生成 PK 文件；然后进入【墙梁柱施工图】选择【画整榀框架施工图】。

6.4.1　形成 PK 文件

回到 PKPM 初始界面，选择 PMCAD 模块的【形成 PK 文件】，点击应用，进入如图 6-93 所示界面。选择【框架生成】，打开【PMCAD 生成平面杆系结构计算数据】界面，界面右侧如图 6-94 所示。

图 6-93

图 6-94

可以通过【风荷载】和【文件名称】进行风荷载信息输入和文件命名。点击【风荷载】下的方框，弹出如图 6-95 所示的对话框。在对话框中根据条件完成参数的设置。之后根据命令栏的提示，如图 6-96 所示，选取需要分析的一榀框架。完成选择后，回到图 6-93 所示界面。

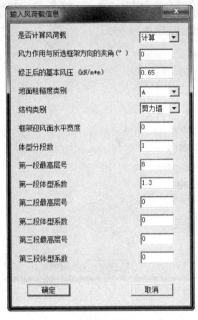

图 6-95

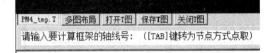

图 6-96

点击对话框中【结束】，进入【PK 交互输入与优化计算】界面，显示的为所选择的框架。在右侧工具栏中可以继续对柱、梁等构件的信息以及荷载进行设置。完成设置后点击【结构计算】，弹出对话框提示输入文件名。输入完毕后，界面显示如图 6-97 所示。

图 6-97

毕业设计中一般需要给出某榀框架的内力图，此处读者根据需要选择内力图进行输出，例如选择【弯矩包络图】，则给出该榀框架的弯矩包络图，如图 6-98 所示。

6.4.2　生成整榀框架施工图

PK 文件形成后，点击存盘退出，选择【墙梁柱施工图】模块的【画整榀框架施工图】，点击【应用】，进入 PK 施工图界面，程序会先弹出【选筋、绘图参数】对话框，对配筋以及绘图的参数进行设置，见图 6-99。设置方法同前，此处不再详细说明。

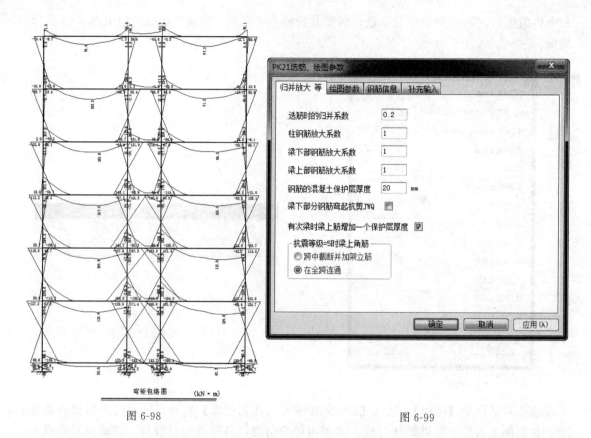

弯矩包络图　　(kN·m)

图 6-98　　　　　　　　　　　　　　　　　　图 6-99

设置完成后，可以通过右侧主菜单设置多项参数。例如对柱钢筋、梁上配筋、梁下配筋、梁柱箍筋、节点箍筋、梁腰筋、次梁、悬挑梁等进行设置。在右侧主菜单中选择一项，绘图区会显示相应的内容。例如选择【梁上配筋】，下拉菜单及绘图区显示内容如图 6-100 所示。

图 6-100

除了可以修改各构件钢筋信息外，还可以进行挠度计算与裂缝计算，输出挠度图和裂缝图。

施工图绘制，选择右侧工具栏中【施工图】＞【画施工图】，软件提示输入该榀框架的名称，生成整榀框架的钢筋施工图，如图 6-101 所示。

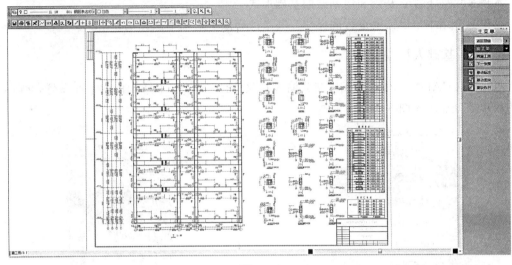

图 6-101

6.5 基础设计

JCCAD 是 PKPM 结构系列软件的基础设计软件，它可以完成柱下独立基础、墙下条形基础、柱承台、弹性地基梁、带肋筏板、平筏板、桩筏板等基础设计，还可完成由上述多类基础组合的大型混合基础设计。

JCCAD 能够接力上部结构模型建立基础模型、接力上部结构计算生成基础设计的上部

图 6-102

荷载，并能完成各种类型基础的施工图，包括平面图、剖面图及详图。JCCAD 界面如图 6-102所示。

界面第一项是【地质资料输入】，可以根据地勘报告输入地基土质情况。但当基础设计不采用桩基础又不需要计算沉降时，可以不输入地质资料。

本例采用柱下独立基础和地基梁的基础形式。

这里只介绍本毕设需要进行的操作。其余内容限于篇幅不做详细介绍。

6.5.1 基础人机交互输入

点击【JCCAD】＞【基础人机交互输入】，绘图区域显示了柱构件的平面布置，程序右侧的菜单部分显示见图 6-103。

图 6-103

图 6-104

图 6-105

(1) 地质资料

点击【地质资料】，会弹出对话框选择地基数据文件，并显示下拉菜单见图 6-104，用于勘察孔位置与实际结构平面位置对齐，以便后续的沉降计算或桩基设计。

(2) 参数输入

点击【参数输入】，会展开下拉菜单，见图 6-105。点击【基本参数】，会弹出【基本参数】对话框，见图 6-106。

① 地基承载力　程序提供了五种计算地基承载力的方法。通过下拉菜单选择，如图 6-107所示。

选择不同的方法，进行设置的参数也有所不同，这里选用程序默认的【中华人民共和国国家标准 GB 50007—2011［综合法］】进行设计。

a. 地基承载力特征值 f_{ak}。根据地勘报告填写，为 220kPa。

b. 地基承载力宽度修正系数、地基承载力深度修正系数。根据《建筑地基基础设计规

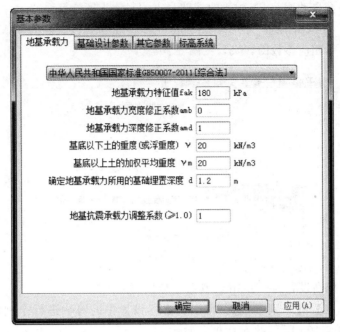

图 6-106

图 6-107

范》（以下简称《基础规范》）5.2.4 条规定，程序默认的初始值为 0 和 1，这里不做修改。

c. 基底以下土的重度（或浮重度）γ。初始值为 $20kN/m^3$，应根据地勘报告填写，此处不做修改。

d. 基底以上土的加权平均重度 γ_m。初始值为 $20kN/m^3$，应根据地勘报告，取平均值填写。

e. 确定地基承载力所用的基础埋置深度 d。初始值为 1.2m，本例基础埋深取 1.8m。

f. 地基抗震承载力调整系数（$\geqslant 1.0$）。根据《抗震规范》表 4.2.3 规定，取 1.3。

② 基础设计参数

a. 独基、条基、桩承台底板混凝土强度等级。本例设置为 C30。

b. 结构重要性系数。《基础规范》3.0.5 条规定：基础设计安全等级、结构设计使用年限、结构重要性系数应按有关规范的规定采用，但结构重要性系数 γ_0 不应小于 1.0。

本例中选用默认值 1.0。

③ 其他参数　本栏中只介绍单位面积覆土重。

可以选择自动计算和人为设定。在设计无地下室的条形基础、独立基础时，可以选择

【自动计算】，程序会自动按 $20kN/m^3$ 的基础与土的平均重度计算。

④ 标高系统　在标高系统一栏中，将鼠标光标移动到参数右侧的输入栏后，在对话框中间的方框中会显示相应参数的含义，见图 6-108。

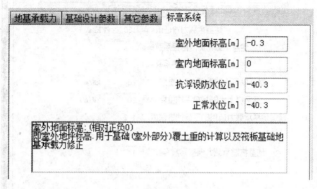

图 6-108

仅将室外地面标高设置为－0.3m，其余参数按照默认取值。

点击【参数输入】>【个别参数】，可以对上述设置中的参数进行个别修改，选中基础位置后，弹出如图 6-109 所示的对话框，从而可以对不同区域采用不同的参数进行基础设计。

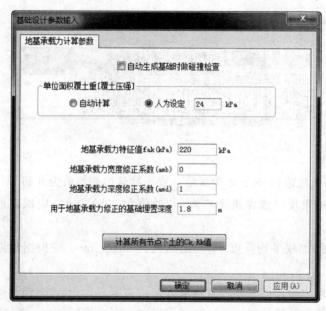

图 6-109

(3) 荷载输入

点击右侧【荷载输入】，展开下拉菜单，包含了荷载输入的各项指令。

① 荷载参数　点击【荷载输入】>【荷载参数】，弹出如图 6-110 所示的对话框。对话框中的部分参数为白色输入框，可直接修改。还有灰色输入框，为规范指定值，一般不作修改；如需要修改，双击灰色数值。

勾选自动按楼层折减活荷载。《荷载规范》表 5.1.2 规定了活荷载按楼层的折减系数，

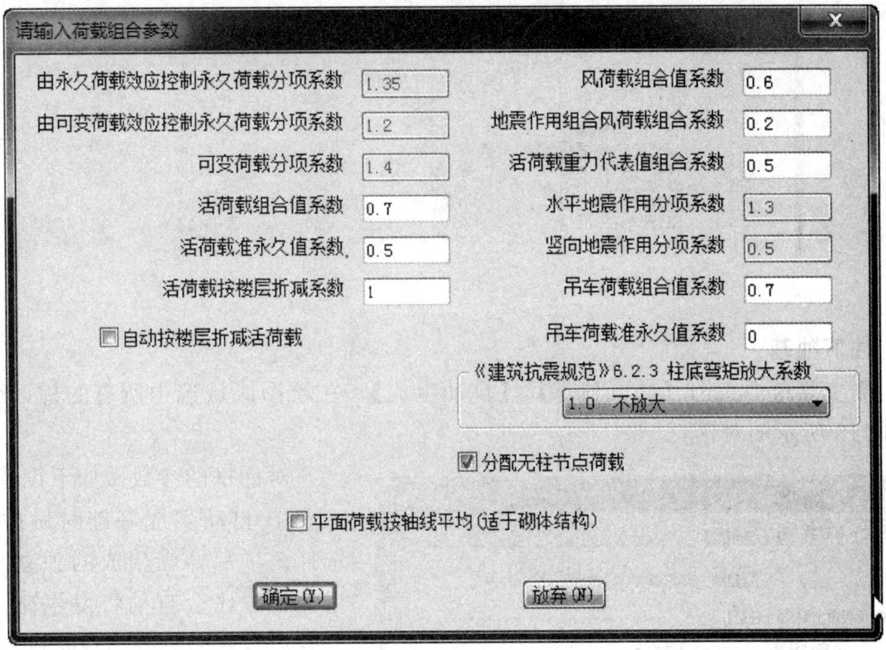

图 6-110

勾选该项后，程序会按照与基础相连构件上方楼层数进行活荷载折减。

其余对话框中参数不作修改。

② 读取荷载 点击【荷载输入】>【读取荷载】，弹出对话框，本例选取包括地震荷载的全部 SATWE 荷载，见图 6-111。《抗震规范》4.2.1 条规定了可不进行天然地基及基础的抗震承载力验算的建筑。本例不满足该条文要求，需要考虑地震作用。

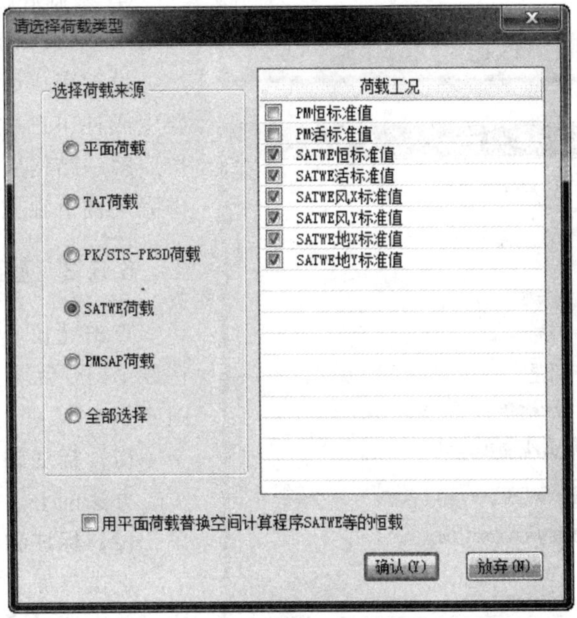

图 6-111

点击【确认】后，程序以文本框的形式给出了荷载的汇总结果，见图 6-112。

荷载工况	竖向力(kN)	X向剪力(kN)	Y向剪力(kN)
附加恒载标准值	0.00	0.00	0.00
附加活载标准值	0.00	0.00	0.00
SATWE恒标准值	65837.73	0.00	0.00
SATWE活标准值	8583.84	0.00	0.00
SATWE风X标准值	0.00	491.44	0.00
SATWE风Y标准值	0.00	0.00	1647.61
SATWE地X标准值	-0.01	2651.77	-14.04
SATWE地Y标准值	2.99	0.60	2708.13

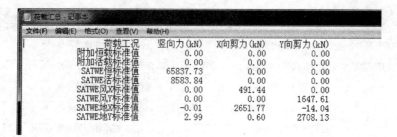

图 6-112

(4) 柱下独基

在右侧主菜单中点击【柱下独基】>【自动生成】，在绘图区域选中所有的柱，会自动弹出如图 6-113 所示的对话框。

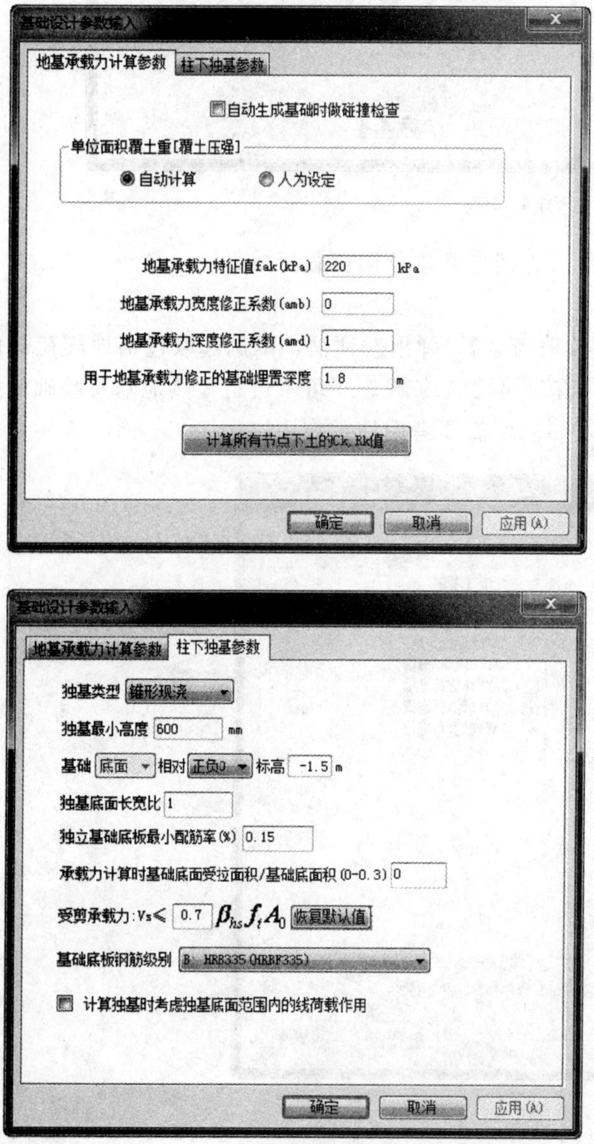

图 6-113

对话框的参数做如下设置。

① 自动生成基础时做碰撞检查。选择该项后，当生成的独立基础底面重叠，程序会自动将发生碰撞的基础合并成双柱基础或多柱基础。本例中，勾选该项。

② 独基类型。可在下拉菜单中选择多种基础类型，本例中选择【阶形现浇】。

③ 基础底面标高。设为【相对±0标高－1.8m】。

④ 基础底板钢筋类别。选择“C：HRB400：HRBF400，RRB400”。

设置完成后点击【确定】，程序便会生成柱下独立基础。本例中地基梁按照第一结构层进行建模，在 JCCAD 中完成柱下独立基础的设计即可。

6.5.2 基础施工图

点击【JCCAD】>【基础施工图】，在绘图区会显示出柱和基础，见图 6-114。

(1) 标注轴线、图名

方法同上。

(2) 标注独基编号

点击界面上方【标注字符】，在下拉菜单中选择【独基编号】，在弹出的对话框中选择【自动标注】，程序会在图中自动生成独基编号。

(3) 独基尺寸

点击界面上方【标注构件】，在下拉菜单中选择【独基尺寸】。之后通过鼠标点击的方式选择需要标注的独立基础。程序会根据用户点击鼠标时鼠标的位置，在相应基础的边界生成标注。

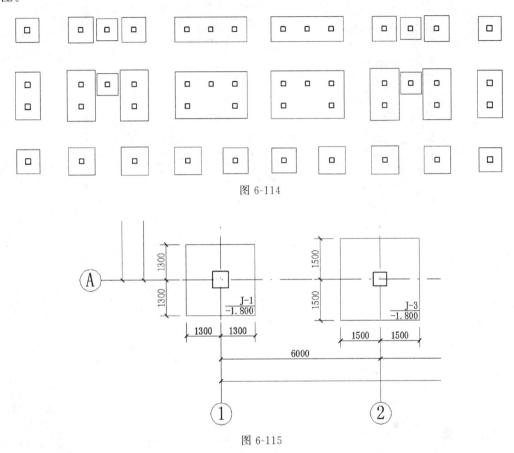

图 6-114

图 6-115

基础完成标注后，效果见图 6-115。

(4) 基础详图

点击右侧主菜单【基础详图】，会弹出选框，见图 6-116。本例选择【在当前图中绘制详图】，详图均会被插入到当前的图中。

点击【基础详图】＞【绘图参数】，会弹出如图 6-117 所示的对话框，可以定义相关详图的绘制参数。

点击【插入详图】，在弹出的对话框中选择需要插入的详图，鼠标拖动至合适的位置点击鼠标完成放置。以 J-3 为例，详图如图 6-118 所示。

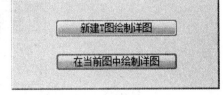

图 6-116

添加完成基础详图后，JCCAD 中的基础施工图编辑完成。

在基础平面布置图中，还需要加入基础梁。这一步在 CAD 中进行，将基础梁的梁平法施工图与基础平面布置图组合在一起，并调整相应的标注。

至此，PKPM 部分介绍完毕。

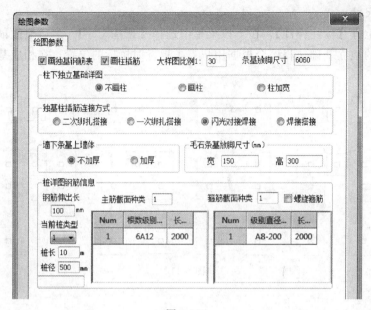

图 6-117

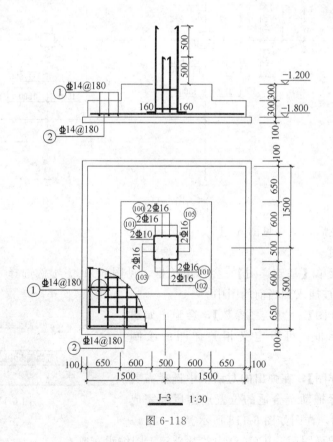

J-3   1:30

图 6-118

第 7 章

Robot Structural Analysis分析
结果与PKPM分析结果对比

由于教程稀缺和规范落后，因此 Autodesk Robot Structural Analysis 软件在国内工程领域的运用有待完善，其计算结果的可靠性和合理性也有待检验。本章将通过对比 Robot 与 PKPM 的计算结果，来分析 Robot 软件在国内应用的适应性、与国内规范的契合程度以及计算结果的合理性。

为减少其他因素的干扰，将对两个软件的模型进行适当调整，例如次梁的位置与数量保持一致，荷载的施加保持一致；通过各自软件系统运行计算，对结果进行对比。

7.1 质量、质量比的比较

结构的整体质量的计算非常重要，因为很多结构分析的参数与质量有关。若整体质量不准确，则后续位移比、周期、内力等计算将出现较大偏差。

Robot 通过【层表】查看各层质量及质量比，PKPM 通过【SATWE】查看各层质量及质量比。统计整理结果如表 7-1 所示。

表 7-1 楼层质量及质量比

层号	Robot		PKPM	
	质量/t	质量比	质量/t	质量比
1	1655.20	1.000	1151.2	1.00
2	1571.45	0.949	1119.9	0.97
3	1568.94	0.998	1119.9	1.00
4	1597.53	1.018	1119.9	1.00
5	1568.94	0.982	1119.9	1.00
6	1397.88	0.891	955.8	0.85

由统计的数据绘制楼层质量折线图、质量比折线图，如图 7-1 所示。

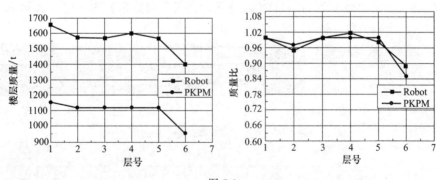

图 7-1

由图中可得出以下两方面结论。

① Robot 计算的楼层质量普遍大于 PKPM 计算所得，且相差数值较大；但首层质量最大、顶层质量最小这一趋势，两者保持一致。

② Robot 与 PKPM 计算所得的各楼层质量比相差较小。

要找到两种软件计算所得的结构质量偏差较大的原因，首先需要清楚两者所输出的结构质量包含的内容。

PKPM 结构质量输出的内容：恒载质量（包络结构的自重和布置的恒荷载）、活载质量（活载质量＝活载重力荷载代表值系数×活载等效质量）、附加质量、活载产生的总质量、恒载产生的总质量（包括结果自重和外加荷载）、结构的总质量（包括恒载产生的质量和活载产生的质量和附加质量）。由于本书所用结构没有附加质量，因此 PKPM 中结构质量＝自重＋恒载＋活载重力荷载代表值系数×活载，即为结构的重力荷载代表值。我国规范中计算结构的地震作用时采用的是结构的重力荷载代表值而不是结构的自重。所以 PKPM 获得的结构质量符合我国规范要求。

Robot 计算结构的质量通常是结构的自重，与我国规范不符合。所以接下来的工作是将 Robot 中结构质量的计算定义为中国规范的"重力荷载代表值"。据此，笔者通过与其他结构分析软件（例如 SAP2000）的类比，找到了解决上述问题的办法。

结构动力分析是基于集中节点质量的动力响应和基本平衡方程的。因此精确描述结构系统质量分布就成为结构动力分析的基础。结构质量包含构件单元自身质量在节点的集中，但不仅限于此，比如我们所熟悉的填充墙，由于并非主要抗侧力构件，因此一般在计算模型中不会输入，但是在结构动力分析中填充墙的质量绝对不能忽略。此时就需要将该部分质量以另一种方式进行考虑，此类问题可以使用"质量源"进行解释。

质量源是多种结构分析软件（包括 SAP2000）中重要参数，它定义了结构动力分析所需要考虑的结构质量的计算方式。它把程序中结构的质量和自重这两个概念加以清晰的区分并建立多重意义上的联系。在我国规范中，结构动力分析以及地震作用计算基于建筑的重力荷载代表值；重力荷载代表值实际上给出的是一个质量计算公式，定义了求解地震作用时结构质量的计算方法，它同样需要通过质量源定义实现。

Robot 中实现重力荷载代表值的计算方法如图 5-57 所示的对话框，采用【荷载到质量块的转变】，但是需要注意的一点是：默认状态下，Robot 自动计算结构的自重到 DL1 中，读者可以通过点击荷载表查看，如图 7-2 所示。

软件默认将自重作为 DL1 工况的荷载施加在结构上；【荷载数值】为 1.0（默认值）时，表示 Robot 将全部自重转化为 DL1 工况的荷载；当【荷载数值】为 0 时，表示 Robot 将不计算结构自重产生的荷载。

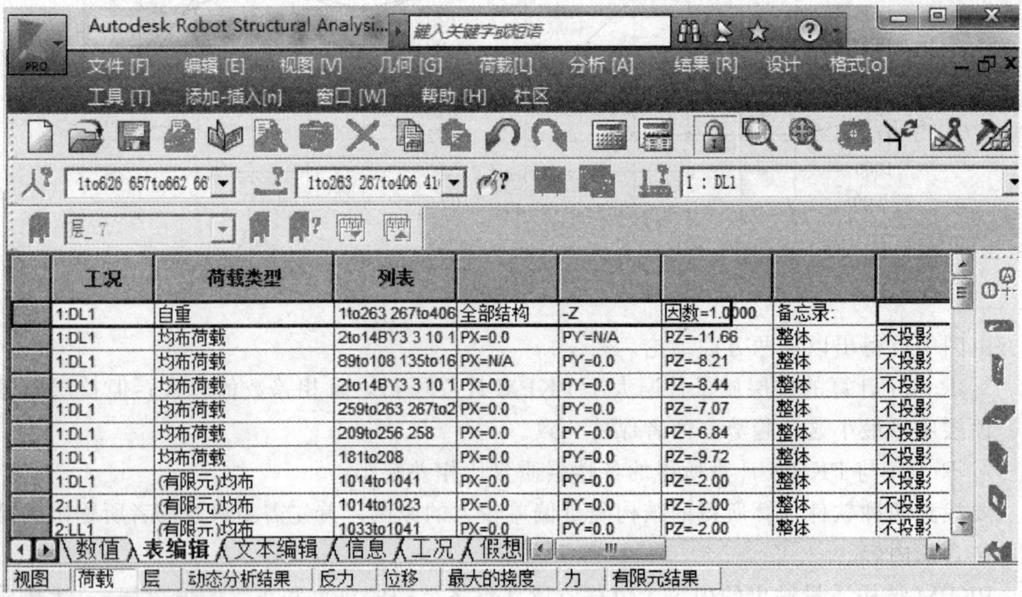

图 7-2

所以 Robot 在默认状态下，当完成【荷载到质量块的转变】时，我们得到的结构质量＝自重＋恒载（包括自重）＋活载重力荷载代表值系数×活载。由此可见，Robot 计算得到的结构质量结果将结构自重计入两次。由此导致上述表 7-1 及图 7-1 中的差距。

基于以上的讨论，修改的办法是：将图 7-2 中自重这一栏选中，按"Delete"键直接删除；或者将因数改为 0.00，笔者采用前者直接删除，再次运行结算，得到新的结构质量和质量比，通过整理统计如表 7-2 所示。

表 7-2 调整后的楼层质量及质量比

层号	Robot		PKPM	
	质量/t	质量比	质量/t	质量比
1	1199.61	1.00	1151.2	1.00
2	1131.79	0.94	1119.9	0.97
3	1129.27	1.00	1119.9	1.00
4	1153.69	1.02	1119.9	1.00
5	1129.27	0.98	1119.9	1.00
6	969.1	0.86	955.8	0.85

将整理得到的数据绘制折线图（调整后的楼层质量及质量比），如图 7-3 所示。

由表 7-2 及图 7-3 可发现，两种软件计算所得楼层质量的差别不大，质量比几乎一致。因此可近似认为在结构质量的计算中，Robot 软件与 PKPM 的计算结果是相等的。

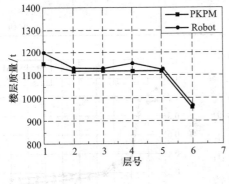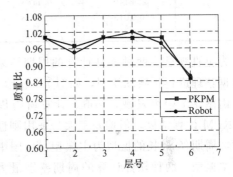

图 7-3

7.2 周期比较

通过 7.1 节结构质量比较，发现 Robot 进行结构质量计算时会默认重复计算自重。所以将自重删除后，重新运行计算，下面各参数对比皆以此为基础，特此说明。

Robot 计算周期时，有两个设定是有一定要求的，且要与 PKPM 保持一致。

① 结构的整体质量对周期有较大影响，由 7.1 节可知，Robot 软件和 PKPM 计算的整体质量相差较小。因此可近似认为两者的整体质量是一致的。

② 结构模型的柱底约束两者应保持一致。PKPM 中结构的柱底约束为固定支座，即固定六个方向（UX、UY、UZ、RX、RY、RZ）。Robot 中结构的柱底约束为底部约束（UX、UY、UZ），这与 PKPM 不一致。通常，计算模型的柱底约束应假定为固定支座。因此，在 Robot 软件中模型的柱底约束改为固定支座。

所以上述两个条件应该保持一致，相同结构模型两种软件计算出来的周期才具有可比性。

根据规范规定，结构扭转效应为主的第一自振周期 T_t 与平动效应为主的第一自振周期 T_1 的比值即为结构的扭转周期比。

在 PKPM 中，第一扭转周期与第一平动周期应根据各振型的平动系数、扭转系数来判断；考察各振型是平动系数还是扭转系数占主导地位（占主导地位指系数最好大于 0.8，至少应大于 0.5），即第一平动系数大于 0.5 的为第一平动周期，第一扭转系数大于 0.5 的为第一扭转周期。

Robot 采用模态分析法，通过点击【结果】/【高级】/【模态分析】，打开"动态分析结果表"查看周期结果；PKPM 通过 SATWE 下的文本查看。两种软件计算得到的周期结果比较统计如表 7-3 所示。

表 7-3　周期结果比较　　　　　　　　　　　　　　　　　　　　单位：s

振型号	Robot 周期	PKPM 周期	振型号	Robot 周期	PKPM 周期
1	1.0847	0.9684	10	0.1874	0.1421
2	1.0233	0.9418	11	0.1827	0.1305
3	0.9650	0.8320	12	0.1652	0.1179
4	0.3512	0.3155	13	0.1620	0.1124
5	0.3310	0.3037	14	0.1617	0.1112
6	0.3153	0.2672	15	0.1613	0.0995
7	0.2140	0.1783	16	0.1531	0.0878
8	0.2018	0.1758	17	0.1331	0.0860
9	0.1888	0.1498	18	0.1311	0.0749

为更直观显示两种软件计算的周期结果，将上述数据整理进行折线图绘制，如图 7-4 所示。

由图 7-4 中可发现，Robot 计算所得周期略大于 PKPM 计算结果，但偏差不大。采用刚性楼板假定时，周期 T 最长的振型为主振型，由图中可看出前三主振型，两种软件计算的周期差别最大。其中 PKPM 中前三振型为 X 向、Y 向平动周期和扭转周期。

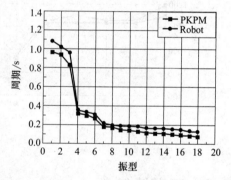

图 7-4

根据结构动力学原理，单自由度体系结构的周期按照式（7-1）计算：

$$T = 2\pi \sqrt{\dfrac{m}{K}} \tag{7-1}$$

式中，m 为单自由度体系中集中于质点的质量；K 为其抗侧刚度。

多自由度体系的结构有多个周期，对结构的影响一般随振型顺序的增加而快速衰减，以本结构为例，前三振型的影响最大。填充墙增大了结构的质量和刚度，对结构自振周期存在较大的影响。由于在结构计算中，填充墙质量对周期的影响已经在计算中予以考虑，因此只有当填充墙的刚度对结构周期影响较大时才会单独考虑该因素。

造成图 7-4 中周期偏差的原因：根据公式（7-1），两种软件计算的结构质量存在微小偏差，且 Robot 结果偏大，所以导致 Robot 计算的周期偏大。考虑上述原因，可近似认为两者的结算结果相等。由此可见，Robot 软件的计算结果合理。

7.3 水平地震作用下的楼层剪力比较

一般的混凝土框架结构的水平地震作用，目前普遍采用的是振型分解反应谱法。对于采用振型分解反应谱法的 Robot 和 PKPM 两个程序，引起其计算结果差异的主要因素应是以下几方面。

① 反应谱和振型组合的差异（这主要是两者采用不同版本的抗震规范引起的，这里可引申为新旧抗震规范的差异）。

② 程序计算出的结构周期差异（由 7.2 节可知两者的周期存在差别，但较小）。

③ 结构的重力荷载代表值（由 7.1 节可知两者的计算结果差别较小）。

(1) 反应谱和振型组合的差异

在计算混凝土结构水平地震作用中，Robot 软件采用的中国规范是《建筑抗震设计规范》（GB 50011—2001），而本书所用的 PKPM 采用的我国规范是《建筑抗震设计规范》（GB 50011—2010），对于新旧规范差异主要出现在反应谱和振型组合方面。虽然两者存在些许差异，但是多数情况下对于普通混凝土结构是相同的。

① 反应谱的差异

a. 水平地震影响系数最大值的差异：2010 版本抗震规范新增罕遇地震下的水平地震影响系数最大值为 0.28，其他相同。

b. 场地特征周期的差异：2010 版本抗震规范将场地类别 I 类分为 I_0 和 I_1 类，新增了 I_0 类，2001 版的 I 类与 2010 版的 I_1 类相同，其他类别的场地特征周期也是相同的。

c. 当结构的阻尼比按规定不是 0.05 时，两者的地震影响系数曲线的阻尼调整系数和形状参数有所不同，但对于一般的混凝土结构其阻尼比为 0.05，这时两者的地震影响系数曲线是一致的。因此，在本书中可认为两者的地震影响系数曲线的阻尼调整系数和形状系数是相等的。地震影响系数曲线如图 7-5 所示。

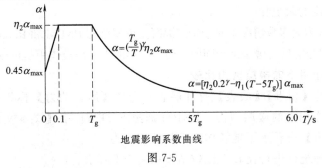

地震影响系数曲线

图 7-5

α—地震影响系数；α_{max}—地震影响系数最大值；η_1—直线下降段的下降斜调整系数；γ—衰减指数；T_g—特征周期；

η_2—阻尼调整系数；T—结构自振周期

需要特别说明的是，对于程序而言，由于前面计算出来的自振周期有一定差别，因此只有在 $T \leqslant T_g$ 期间的结构其地震影响系数 α 才是精确相等的。对于在 T_g 到 6.0s 的结构其地震影响系数不是精确相等的。这是由于前面计算出来的结构自振周期有一定差别，因此会对最终的地震作用力计算造成一定影响。

② 振型组合的差异

a. 对于不考虑扭转耦联计算的结构，计算地震作用和作用效应在 2001 版本的抗震规范和 2010 版本的抗震规范中是一样的。

b. 对于采用扭转耦联振型分解法来计算结构的扭转耦联地震作用效应，2001 版本抗震规范和 2010 版本抗震规范在效应组合（CQC）上存在一定差异。

2001 版本中，单向水平地震作用下的扭转耦联效应，按照下列公式：

$$S_{EK} = \sqrt{\sum_{j=1}^m \sum_{k=1}^m \rho_{jk} S_j S_k} \tag{7-2}$$

$$\rho_{jk} = \frac{8\zeta_j \zeta_k (1+\lambda_T)\lambda_T^{1.5}}{(1-\lambda_T^2)^2 + 4\zeta_j \zeta_k (1+\lambda_T)^2 \lambda_T} \tag{7-3}$$

式中　S_{EK}——地震作用标准值考虑扭转耦联的效应；

S_j、S_k——分别为 j、k 振型的地震作用标准值效应；

ζ_j、ζ_k——j、k 振型的阻尼比；

ρ_{jk}——j 振型和 k 振型的耦联系数；

λ_T——k 振型和 j 振型的自振周期比。

2010 版本中，单向水平地震作用下的扭转耦联效应，按照下式计算：

$$S_{EK} = \sqrt{\sum_{j=1}^m \sum_{k=1}^m \rho_{jk} S_j S_k} \tag{7-4}$$

$$\rho_{jk} = \frac{8\sqrt{\zeta_j \zeta_k}(\zeta_j + \lambda_T \zeta_k)\lambda_T^{1.5}}{(1-\lambda_T^2)^2 + 4\zeta_j \zeta_k(1+\lambda_T)^2 \lambda_T + 4(\zeta_j^2 + \zeta_k^2)\lambda_T^2} \tag{7-5}$$

两者的主要差别在于耦联系数的计算公式不同，但是参考《PKPM 软件说明书-SATWE 用户手册 v2.1》发现 PKPM 的 j、k 振型耦联系数，通过简化 2001 版本抗震规范公式（5.2.3-5），即简化本文的式（7-3）而来：

$$\rho_{jk} = \frac{8\zeta^2(1+\lambda_T)\lambda_T^{1.5}}{(1-\lambda_T^2)^2 + 4\zeta^2(1+\lambda_T)^2 \lambda_T} \tag{7-6}$$

且 ζ 近似取结构的阻尼比。

综上所述，可认为大多数情况下对于钢筋混凝土框架结构 PKPM 和 Robot 软件计算水平地震作用时所采用的振型分解反应谱法是相同的，两者计算的水平地震作用是可以比较的。

（2）水平地震作用下的楼层剪力比较

Robot 通过点击【结果】/【层表】打开层表，选择【简化的力】标签，通过调整工况查看 X、Y 方向地震作用下的楼层剪力。PKPM 通过 SATWE 中【文本文件输出】第 2 个文件【周期振型地震力】查看水平地震作用下的楼层剪力。

将结果进行整理统计进行比较，比较结果如表 7-4 所示。

表 7-4　地震作用下的楼层剪力　　　　　　　　　　　单位：kN

楼层号	Robot		PKPM	
	X 方向	Y 方向	X 方向	Y 方向
1	1818.98	1741.1	2652.43	2741.28
2	1645.01	1567.68	2429.05	2506.78
3	1440.42	1373.49	2116.30	2183.10
4	1208.78	1168.74	1728.67	1783.76
5	909.58	902.51	1253.82	1292.79
6	499.23	509.67	667.53	686.60

根据统计所得数据绘制水平地震作用下的楼层剪力折线图，如图 7-6 所示。

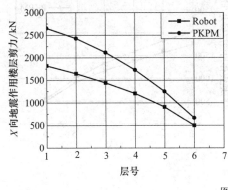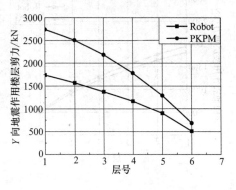

图 7-6

由图 7-6 中可看出：

① 两种软件算得的楼层剪力趋势一致。

② PKPM 算得的楼层剪力大于 Robot 算得的结果。

造成两种软件算得的楼层剪力不一致的原因，笔者认为主要有两方面：

第一，PKPM 对于地震作用的计算，采用了周期折减系数。PKPM 软件对结构进行内力位移分析时，只考虑主要构件的刚度，没有考虑非承重结构的刚度，因而所计算的自振周期比实际的要长，地震力偏小；我国规范中考虑到这一点，采取对自振周期进行折减来考虑非承重墙体的刚度。周期折减系数既影响地震作用下的楼层剪力，同时影响楼层位移，本文 PKPM 采用的周期折减系数为 0.7。

第二，前面讲到的两者之间反应谱和振型组合的差异、周期的差异、结构重力荷载代表值的差异，也是造成两种软件计算水平地震作用力出现差别的原因，但是根据前面的分析，上述三方面的原因差别较小。

这些因素导致最终算得的地震作用下的楼层剪力不一致。通过上述讨论，将 PKPM 的周期折减设置为 1.0（实际工程中不可取），重新进行计算水平地震作用下的楼层剪力，对结果进行统计如表 7-5 所示。

表 7-5　PKPM 周期折减为 1.0 时楼层剪力比较　　　　　　　单位：kN

楼层号	Robot		PKPM	
	X 方向	Y 方向	X 方向	Y 方向
1	1818.98	1741.1	1948.86	2013.25
2	1645.01	1567.68	1766.85	1823.05
3	1440.42	1373.49	1543.48	1591.27
4	1208.78	1168.74	1288.84	1328.27
5	909.58	902.51	969.44	996.40
6	499.23	509.67	538.33	550.61

将统计得到的数据进行整理绘制 PKPM 周期折减为 1.0 时的楼层剪力折线图，如图 7-7 所示。

由对比图 7-7 发现，当 PKPM 采用的周期折减系数为 1.0 时，两种软件计算得到的水平地震作用下楼层剪力相差较小，PKPM 结果略大于 Robot 结果。

所以 Robot 计算地震作用下的楼层剪力，更偏向于没有考虑周期折减的结果，根据两种软件计算结果的差异较小，可以认为 Robot 用于地震作用的计算是可靠的。

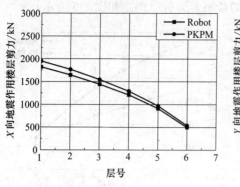 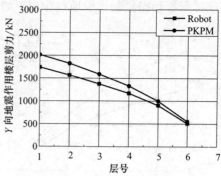

图 7-7

7.4 楼层位移比较

　　Robot 与 PKPM 关于风荷载的计算是两种不同的方式，此处的楼层位移只考虑水平地震作用引起的，并且该处的楼层位移指楼层竖向构件总位移。Robot 通过点击【层表】的【位移】标签查看结构在水平地震作用下的位移情况，PKPM 通过 SATWE 的文本文件查看位移情况。将两者得到的结果进行统计如表 7-6 所示。

表 7-6　水平地震作用下楼层位移　　　　　单位：mm

方向	楼层	层平均位移		层最大位移		位移比	
		Robot	PKPM	Robot	PKPM	Robot	PKPM
X 方向	1	2.47	3.99	2.57	4.12	1.04	1.01
	2	4.39	6.78	4.55	7.00	1.04	1.01
	3	6.04	9.12	6.24	9.43	1.03	1.01
	4	7.37	11.01	7.6	11.39	1.03	1.01
	5	8.34	12.35	8.59	12.77	1.03	1.01
	6	8.89	13.11	9.14	13.56	1.03	1.01
Y 方向	1	2.8	3.98	2.79	4.00	1.00	1.00
	2	5.13	6.61	5.13	6.65	1.00	1.00
	3	7.15	8.86	7.16	8.91	1.00	1.00
	4	8.83	10.70	8.84	10.76	1.00	1.00
	5	10.09	12.05	10.11	12.11	1.00	1.00
	6	10.87	12.86	10.91	12.92	1.00	1.00

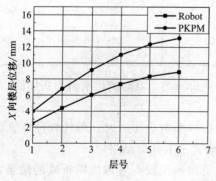 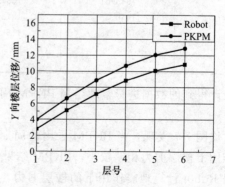

图 7-8

为更加直观显示两种软件计算所得的楼层位移情况，将表 7-6 数据整理绘制水平地震作用下楼层平均位移折线图，此处以楼层竖向构件平均位移为比较对象，如图 7-8 所示。

根据统计表及图 7-8 可发现：

① 两种软件计算 X 向、Y 向地震作用下引起的楼层水平位移结果有较大差别。

② 两种软件计算所得位移比基本一致。

与楼层剪力类似，造成两种软件计算的楼层位移不同的原因如下：

① PKPM 对于地震作用的计算，采用了周期折减系数。PKPM 软件对结构进行内力位移分析时，只考虑主要构件的刚度，没有考虑非承重结构的刚度。所以 PKPM 默认采用周期折减系数 0.7。周期折减系数既影响地震作用下的楼层剪力，又影响楼层位移。

② 两种软件计算所得的周期有微小差异，结构的重力荷载代表值存在较小差异，这些对地震作用下的楼层位移存在影响，但是由于差异较小，因此影响较小。

根据上述讨论，将 PKPM 周期折减系数调整为 1.0，进行再计算，将数据进行统计如表 7-7 所示。

表 7-7　周期折减系数 1.0 的楼层位移　　　　　　　　单位：mm

方向	楼层	层平均位移		层最大位移		位移比	
		Robot	PKPM	Robot	PKPM	Robot	PKPM
X 方向	1	2.47	2.92	2.57	3.02	1.04	1.03
	2	4.39	4.94	4.55	5.11	1.04	1.03
	3	6.04	6.63	6.24	6.86	1.03	1.03
	4	7.37	7.99	7.6	8.26	1.03	1.03
	5	8.34	8.96	8.59	9.27	1.03	1.03
	6	8.89	9.52	9.14	9.85	1.03	1.03
Y 方向	1	2.8	2.92	2.79	2.93	1.00	1.00
	2	5.13	4.82	5.13	4.85	1.00	1.01
	3	7.15	6.44	7.16	6.47	1.00	1.00
	4	8.83	7.76	8.84	7.80	1.00	1.01
	5	10.09	8.74	10.11	8.79	1.00	1.01
	6	10.87	9.34	10.91	9.39	1.00	1.01

将表 7-7 数据进行整理绘制周期折减系数 1.0 的楼层平均位移折线图，如图 7-9 所示。

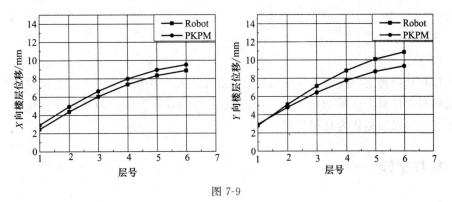

图 7-9

由图 7-9 可发现，当周期折减系数调整为 1.0 时，两种软件计算所得的楼层位移十分接近，可以认为结果一致。由此可认为 Robot 软件计算水平地震作用时的楼层位移合理。

7.5　层间位移角比较

新旧规范对于层间位移角的规定是一致的。

《高层建筑混凝土结构技术规程》3.7.3 条规定：

$$层间位移角 = \frac{楼层层间最大水平位移}{层高} = \frac{\Delta u}{h}$$

对于本书的研究对象六层混凝土框架结构，其限值为 1/550。Robot 查看层间位移角的方式是打开层表，选择【位移】标签显示，dUX、dUY 分别表示 X 向的层间位移角、Y 方向的层间位移角。PKPM 查看位移角的方式是选择 SATWE 文本文件输出的【结构位移】文本，参照上一节位移比较，将 PKPM 周期折减系数调整为 1.0。将两者显示的数据进行统计如表 7-8 所示。

表 7-8　层间位移角比较

楼层号	X 向层间位移角		Y 向层间位移角		规范数值
	Robot	PKPM	Robot	PKPM	
1	0.00060	0.00066	0.00065	0.00064	0.00182
2	0.00055	0.00058	0.00065	0.00054	0.00182
3	0.00047	0.00050	0.00056	0.00046	0.00182
4	0.00038	0.00042	0.00047	0.00039	0.00182
5	0.00027	0.00031	0.00035	0.00030	0.00182
6	0.00015	0.00019	0.00022	0.00019	0.00182

将表 7-8 中位移角数据绘制水平地震作用下的层间位移角折线图，如图 7-10 所示。

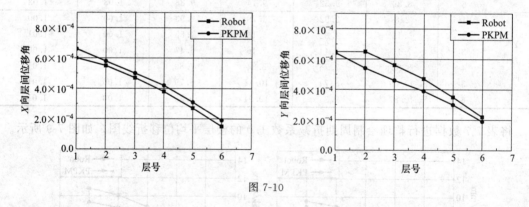

图 7-10

层间位移角指楼层层间最大位移与层高之比 $\Delta u / h$，由于层高一致，因此位移角的影响因素是层间最大位移。由图 7-10 发现 X 方向、Y 方向地震作用时两种软件计算的层间位移角相差不大，可以近似认为是相等的。

7.6　内力比较

此处以恒载作用下的内力比较为例，对两种软件关于内力计算的可行性进行探究，读者可根据需要对其他内力进行对比。

Robot 中查看内力图的方式前面已经介绍了很多种，对于单一构件内力的查看还有另一种方式，即选择某一构件点击鼠标右键，弹出的菜单栏中选择【对象特性】，将显示【杆件特性】对话框，如图 7-11 所示。

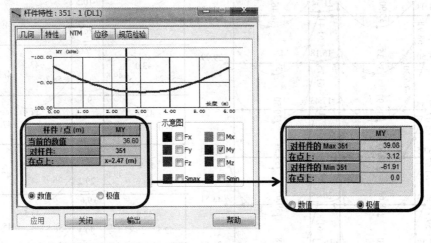

图 7-11

上述对话框分为两种表现形式，分别为【数值】和【极值】。当选择【数值】如图 7-11 左图显示，点击【在点上】的坐标值后将鼠标移至坐标系中，坐标系将显示垂直于 X 轴的黑色线段，左右移动鼠标则黑色线段随之移动并且表格栏中的数值以及点都发生改变；当选择【极值】则表格栏变化为图 7-11 右图框所示，直接显示该构件的内力最大值与最小值。

按照上述方式，选择二楼层 1 轴线 CD 跨梁，显示恒载作用下的 PKPM（左）与 Robot（右）弯矩图（单位：kN·m），如图 7-12 所示。

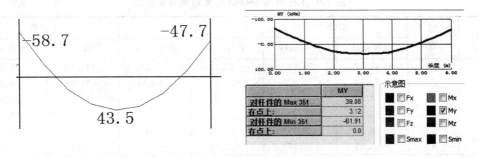

图 7-12

如图 7-12 所示选定的梁，PKPM 计算跨中最大正弯矩为 43.5kN·m，梁端最大负弯矩为 -58.7kN·m；Robot 计算跨中最大正弯矩为 39.08kN·m，梁端最大负弯矩为 -61.91kN·m。相差率为 11.3% 和 5.5%。

(1) 弯矩比较

为更具有代表性进行对比，选择 1 轴线整榀框架进行恒载作用下的弯矩图比较。Robot 通过点击【结果】查询弯矩图，选择整榀框架在新界面打开；PKPM 通过 SATWE 的【分析结果图形及文本显示】命令查看内力图，两者内力图【Robot（左）与 PKPM（右）】如图 7-13 所示。

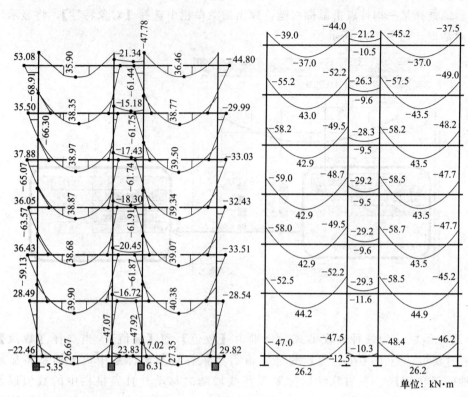

图 7-13

为了便于显示两种软件计算恒载作用下的弯矩差异，将 1 轴线所在框架各梁弯矩进行统计，结果如表 7-9 所示。

表 7-9　Robot 与 PKPM 计算框架弯矩比较　　　　　单位：kN·m

软件	层数	AB 跨		BC 跨		CD 跨	
		梁端 max	跨中 max	梁端 max	跨中 max	梁端 max	跨中 max
R o b o t	1	−47.07	26.67	−13.52	−1.27	−47.92	27.35
	2	−59.13	39.90	−23.92	−10.43	−61.87	40.39
	3	−63.57	38.70	−22.30	−7.56	−61.91	39.07
	4	−65.07	38.99	−23.30	−7.57	−61.74	39.35
	5	−66.30	39.15	−24.07	−7.40	−61.75	39.52
	6	−68.91	38.47	−23.12	−6.03	−61.44	38.77
P K P M	1	−47.5	26.2	−12.3	0.10	−48.4	26.2
	2	−52.5	44.2	−29.3	−11.6	−58.5	44.9
	3	−58.0	42.9	−29.2	−9.6	−58.7	43.5
	4	−59.0	42.9	−29.2	−9.5	−58.5	43.5
	5	−58.2	42.9	−28.3	−9.5	−58.2	43.5
	6	−55.5	43.0	−26.3	−9.6	−57.5	43.5

　　基于统计表的数据绘制折线图，进行直观的比较。以 AB 跨和 CD 跨为例进行比较，如图 7-14 所示，AB 跨（左）、CD 跨（右）跨中最大正弯矩与梁端最大负弯矩比较图。

　　由图 7-14 可发现，两种软件计算所得的梁中弯矩差异较小，弯矩折线图趋势一致；Robot 计算结果均略小于 PKPM 结果，即 Robot 计算所得的梁弯矩图曲线均高于 PKPM 所得弯矩曲线。所以可认为两种软件计算恒载作用下的弯矩比较一致。

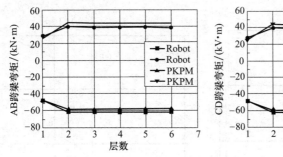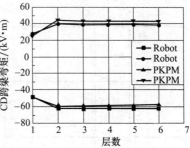

图 7-14

对于存在的微小差异，为验证梁跨中最大正弯矩与梁端最大负弯矩差值是否一致，将表 7-9 中数据进行统计，得到弯矩差值，如表 7-10 所示。

表 7-10　梁中正负弯矩差值比较

单位：kN·m

层数	AB 跨		BC 跨		CD 跨	
	Robot	PKPM	Robot	PKPM	Robot	PKPM
1	73.74	73.7	12.25	12.4	75.27	74.6
2	99.03	96.7	13.49	17.7	102.26	103.4
3	102.27	100.9	14.74	19.6	100.98	102.2
4	104.06	101.9	15.73	19.7	101.09	102
5	105.45	101.1	16.67	18.8	101.27	101.7
6	107.38	98.2	17.09	16.7	100.21	101

同样选择 AB 跨和 CD 跨梁，进行折线对比图绘制，AB 跨（左）、CD 跨（右）正负弯矩差值如图 7-15 所示。

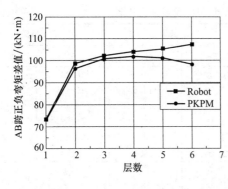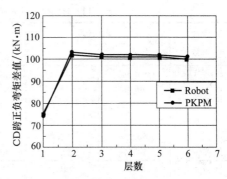

图 7-15

由图 7-15 可发现，AB 跨正负弯矩差值，除六层有差距外其他层可视为一致；CD 跨各层均可以视为一致。从而说明两种软件计算恒载作用时的弯矩可信且可互为替代。

(2) 剪力比较

选择 1 轴线所在框架，之前查看弯矩的界面分别选择剪力，注意 Robot 中查看剪力，需要在【结果】对话框中选择【Fz】方可显示剪力结果。两种软件中显示的框架剪力［Robot（左）、PKPM(右)］如图 7-16 所示。

为了便于显示两种软件计算恒载作用下的剪力差异，将 1 轴线所在框架各梁端剪力进行统计，结果如表 7-11 所示。

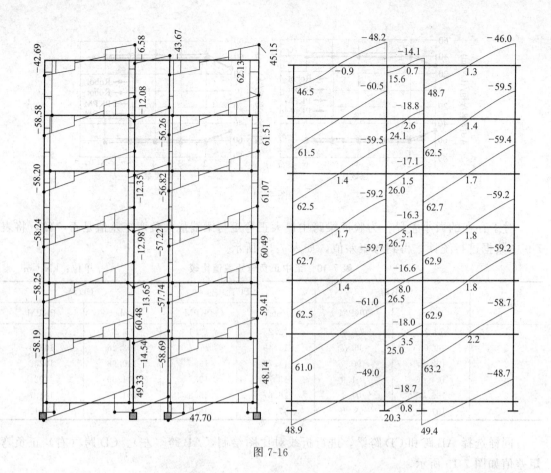

图 7-16

表 7-11　Robot 与 PKPM 计算框架梁剪力比较　　　　　　　　单位：kN

软件	层数	AB 跨		BC 跨		CD 跨	
		左	右	左	右	左	右
R o b o t	1	49.33	−47.63	18.88	−19.9	48.14	−48.82
	2	60.48	−58.19	19.58	−14.54	59.14	−58.69
	3	60.02	−58.25	20.48	−13.65	60.49	−57.74
	4	60.05	−58.24	21.15	−12.98	61.07	−57.22
	5	60.12	−58.20	21.78	−12.35	61.51	−56.82
	6	59.77	−58.58	22.4	−12.08	62.13	−56.26
P K P M	1	48.9	−49.0	20.3	−18.7	49.4	−48.7
	2	61.0	−61.0	25.0	−18.0	63.2	−58.7
	3	62.5	−59.7	26.5	−16.6	62.9	−59.2
	4	62.7	−59.7	26.7	−16.3	62.9	−59.2
	5	62.5	−59.5	26.0	−17.1	62.7	−59.4
	6	61.5	−60.5	24.1	−18.8	62.5	−59.5

　　基于统计表的数据绘制折线图，进行直观的比较。以 AB 跨和 CD 跨为例进行比较，如图 7-17 所示，Robot 与 PKPM 计算梁端剪力比较图。

　　由图 7-17 可发现，两种软件计算的 AB 跨和 CD 跨梁的梁端剪力基本一致，梁端剪力变化曲线也一致。可以认为两者对剪力计算是可以互通的。

（3）轴力比较

　　前面两部分主要对 1 轴线框架梁进行弯矩、剪力比较，此处对 4 轴线框架柱进行柱轴力

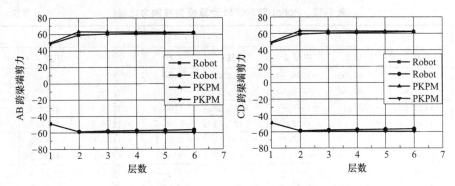

图 7-17

比较，按照之前的方式选取框架柱轴力图。Robot 通过选择【结果】中的【Fx】进行柱轴力显示，PKPM 通过选择 SATWE 中的【分析结果图形和文本显示】进行柱轴力显示。Robot（左）与 PKPM（右）柱轴力比较图如图 7-18 所示（单位为 kN·m）。

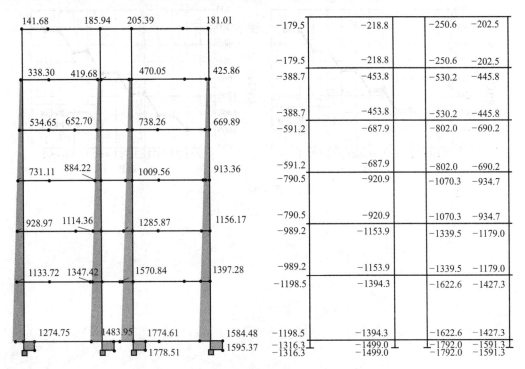

图 7-18

为了便于显示两种软件计算恒载作用下的轴力差异，将框柱上下端轴力进行统计，结果如表 7-12 所示。

对比同一柱子，发现轴力差别不大，为了更直观显示柱轴力的差异及各层柱轴力的趋势，将表 7-12 中数据进行整理绘制折线图，以中柱 1 和右柱为例，框架柱轴力对比图如图 7-19 所示。

由对比折线图发现，两种软件计算各层柱上下端轴力差异较小，折线图吻合度较高，在此基础上可以认为两种软件计算框架柱轴力近似等效。

表 7-12　Robot 与 PKPM 计算框架柱轴力比较　　　　　　　　　单位：kN

层数		Robot				PKPM			
		左柱	中柱 1	中柱 2	右柱	左柱	中柱 1	中柱 2	右柱
1	上	−1274.75	−1483.95	−1774.61	−1584.48	−1316.3	−1499	−1792	−1591.3
	下	−1285.64	−1487.85	−1778.51	−1595.37	−1316.3	−1499	−1792	−1591.3
2	上	−1133.72	−1347.42	−1570.84	−1397.28	−1198.5	−1394.3	−1622.6	−1427.4
	下	−1161.02	−1374.72	−1598.14	−1424.58	−1198.5	−1394.3	−1622.6	−1427.4
3	上	−928.97	−1114.36	−1285.87	−1156.17	−989.2	−1153.9	−1339.5	−1179
	下	−952.37	−1137.76	−1309.27	−1179.57	−989.2	−1153.9	−1339.5	−1179
4	上	−731.11	−884.22	−1009.56	−913.36	−790.5	−920.9	−1070.3	−934.7
	下	−754.51	−907.62	−1032.96	−936.76	−790.5	−920.9	−1070.3	−934.7
5	上	−534.65	−652.7	−738.26	−669.89	−591.2	−687.9	−802	−690.2
	下	−558.05	−676.1	−761.66	−693.29	−591.2	−687.9	−802	−690.2
6	上	−338.3	−419.68	−470.05	−425.86	−388.7	−453.8	−530.2	−445.8
	下	−361.7	−443.08	−493.45	−449.26	−388.7	−453.8	−530.2	−445.8

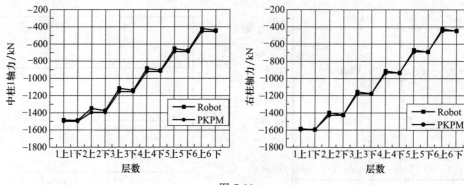

图 7-19

第 **8** 章

基于Robot和Revit软件的
三维配筋设计

8.1 基于 Robot 软件的三维配筋设计

Robot 配筋计算分为两种方式：按所需钢筋配筋、按提供钢筋配筋。所需钢筋配筋的特点是可以对结构中任一杆件单元或者多个杆件单元进行计算，生成所需钢筋表，钢筋表中将给出各杆件单元所需要的钢筋面积、钢筋直径、钢筋数量及钢筋分布情况；提供钢筋配筋的特点是对特定的一个或多个杆件单元进行钢筋的绘制，可以查看三维配筋图、钢筋图纸等信息。结合第 5 章提到的配筋设计，本章对三维配筋设计进行介绍。

8.1.1 所需钢筋配筋

(1) 板单元配筋

Robot 中在菜单栏的选择器中选择【平板-所需的钢筋】，打开楼板配筋界面，如图 8-1 所示为板/壳钢筋配筋对话框。

图 8-1

图 8-1 所示对话框中，点击【板列表】右侧的【...】，可以选择需要计算的楼板；极限状态中，SLS 必须选择，读者可以选择多个组合，软件将自动计算内力最值进行配筋。设置完毕后，点击【计算】。选择【钢筋】对话框，进行钢筋面积、钢筋间距、钢筋数量的显示。如图 8-2 所示为板钢筋面积的显示。

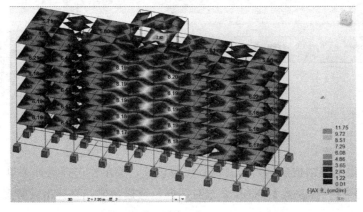

图 8-2

选择右侧工具栏的 ▦ 按钮，打开钢筋表，板钢筋表给出的是钢筋面积，截图示意如图

面板/节点	[-]AX 主 (cm2/m)	[-]ay 垂直 (cm2/m)	[+]AX 主 (cm2/m)	[+]ay 垂直 (cm2/m)
1014/ 129	5.65	5.65	0.0	0.0
1014/ 130	0.0	0.0	7.07	5.65
1014/ 135	5.65	5.65	0.0	0.0
1014/ 136	5.65	5.65	0.0	0.0
1014/ 165	5.65	0.0	0.0	7.87
1014/ 166	5.65	0.0	0.0	7.08
1014/ 899	0.0	0.0	5.65	5.65
1014/ 900	0.0	5.65	5.65	0.0
1014/ 1515	0.0	0.0	5.65	5.65
1014/ 1516	6.33	6.21	0.0	0.0
1014/ 1518	0.0	0.0	5.65	5.65
1014/ 1519	6.02	5.89	0.0	0.0
1014/ 1522	0.0	0.0	5.65	5.65
1014/ 1525	0.14	0.0	5.65	5.65
1015/ 125	5.65	5.65	0.0	0.0
1015/ 126	5.65	5.65	0.0	0.0
1015/ 127	5.65	5.65	0.0	0.0
1015/ 128	5.65	5.65	0.0	0.0

\数值 / 整体极值 / 信息 / 计算参数 /

图 8-3

8-3 所示。

(2) 杆件单元配筋

选择器中选择【RC 构件-所需的钢筋】，打开杆件单元配筋设计界面。初始界面如图 8-4 所示。

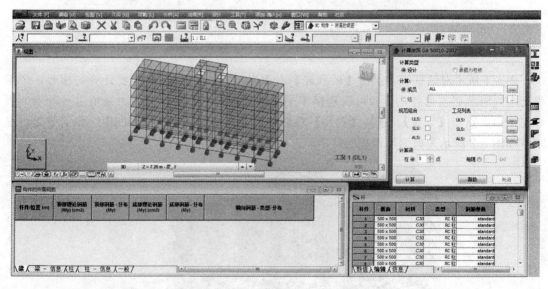

图 8-4

对于本书 6 层框架结构实例，需要进行参数设置，菜单栏选择设计菜单，点击【混凝土梁/柱配筋-选项】>【计算参数】，打开参数对话框。选择新建，将弹出计算参数定义对话框，如图 8-5 所示。

在图 8-5 中，计算参数定义中，默认【调整 1】纵向钢筋可以设置钢筋直径 16mm 或 18mm，钢筋等级选择"HRB400"；横向钢筋选择等级【HRB400】，箍筋中钢筋直径选择

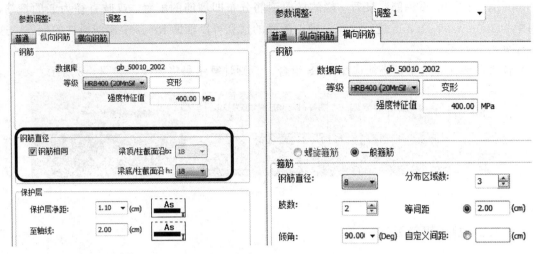

图 8-5

8mm，等间距 2cm。设置完毕点击【保存】。

由于篇幅有限，此处以 1 轴线所在框架顶层的梁与柱为例，进行计算设计。首先在【计算按照 GB 50010—2002】对话框中【计算-成员】分别选择上述的柱与梁；【规范组合-ULS】选择所有已经设定的组合；杆件的【钢筋参数】修改如图 8-6 所示，柱子按照标准模式即可，梁按照先前设定的【调整 1 模式】。

杆件	截面	材料	类型	钢筋参数
921	300 × 600	C30	RC 梁	调整 1
922	300 × 600	C30	RC 梁	调整 1
923	300 × 600	C30	RC 梁	调整 1

杆件	截面	材料	类型	钢筋参数
888	500 × 500	C30	RC 柱	standard
889	500 × 500	C30	RC 柱	standard
890	500 × 500	C30	RC 柱	standard
891	500 × 500	C30	RC 柱	standard

图 8-6

设置完毕后，点击【计算】，则计算后的梁配筋结果如图 8-7 所示。

杆件/位置 (m)	顶部理论钢筋 (My) (cm2)	顶部钢筋-分布 (My)	底部理论钢筋 (My) (cm2)	底部钢筋-分布 (My)	横向钢筋 - 类型/分布
921					2f8 10*20.00+10*20.00+9*22.00
921/ 0.40	7.58	3f18	7.58	3f18	
921/ 1.70	7.82	4f18	7.82	4f18	
921/ 3.00	9.24	4f18	9.24	4f18	
921/ 4.30	7.72	4f18	7.72	4f18	
921/ 5.60	7.47	3f18	7.47	3f18	
922					2f8 3*22.00+4*22.00+3*22.00
922/ 0.40	7.26	3f18	5.80	3f18	
922/ 0.80	7.51	3f18	6.06	3f18	
922/ 1.20	8.09	4f18	6.64	3f18	
922/ 1.60	10.58	5f18	9.12	4f18	
922/ 2.00	8.06	4f18	6.61	3f18	
923					2f8 10*20.00+10*20.00+9*22.00
923/ 0.40	7.39	3f18	7.39	3f18	
923/ 1.70	7.62	3f18	7.62	3f18	
923/ 3.00	8.82	4f18	8.82	4f18	
923/ 4.30	7.94	4f18	7.94	4f18	
923/ 5.60	7.66	4f18	7.66	4f18	

图 8-7

从图 8-7 中可以看出，以 921 号梁为例，5 个计算节点的配筋面积已经给出，梁顶部理论配筋面积最大为 $924mm^2$，以及每个计算节点的钢筋分布，例如梁顶部需要配 4 根直径

18mm 的 HRB400 型钢筋；最后一栏的横向钢筋分布即箍筋的配置，双肢直径为 8 的箍筋，间距为 200mm 和 220mm 进行分布。理论配筋的信息可以辅助 Revit 中速博插件的配筋，这一部分将在后面介绍。

读者需要注意的是，必须选择 ULS 组合，否则计算结果将错误，如图 8-8 所示。

杆件	沿着 b 理论钢筋 (cm2)	钢筋沿着 b-分布	沿着 h 理论钢筋 (cm2)	钢筋沿着 h-分布	横向钢筋-类型/分布
888	错误		错误		
889	错误		错误		
890	错误		错误		
891	错误		错误		

图 8-8

8.1.2 提供钢筋配筋

本书使用的 Robot 软件在我国规范下，仅能对基础的钢筋配置进行计算，其他单元（如柱、梁等）不能正常运行该模块。所以该小节的介绍首先在我国规范下对基础进行钢筋设计计算，完成基础的计算后将更换规范，使用欧洲规范对梁柱等杆件单元进行配筋计算，以展示该模块的功能。

(1) 基础提供钢筋配筋

首先选择需要配筋的基础，此处以结构中 1-A 轴线所在基础为例，选择完毕后在功能选择器中选择【提供钢筋】，或者在右侧工具栏点击 ，在【扩展底座-RC 单元参数】中选择【手动组合】，如图 8-9 所示。手动组合中，选择所有组合即可，软件将按照各组合的极值进行配筋。

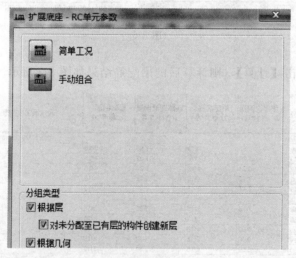

图 8-9

完成上述对话框的设置后，点击【确定】则进入基础所需配筋的界面，如图 8-10 所示。

本书六层框架结构采用柱下独立基础，为便于施工，选择阶梯型独立基础，基础尺寸设置如图 8-11 所示。点击【应用】。

点击工具栏右侧的 按钮，打开标准钢筋对话框，如图 8-12 所示，设置钢筋参数。

《建筑地基基础设计规范》8.2 条规定，阶梯形基础的每阶高度，宜为 300～500mm；

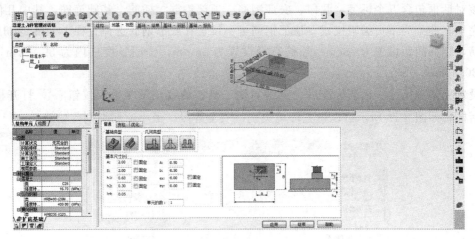

图 8-10

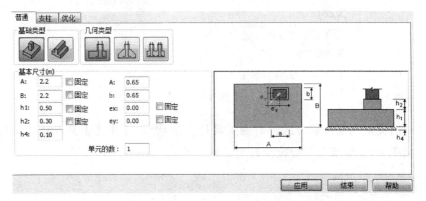

图 8-11

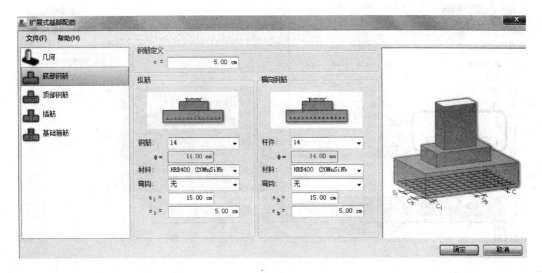

图 8-12

垫层的厚度不宜小于70mm，垫层的混凝土强度等级应为C10；扩展基础底板受力钢筋的最小直径不宜小于10mm，间距不宜大于200mm，也不宜小于100mm。

该对话框包含五个标签：几何、底部钢筋、顶部钢筋、插筋、基础箍筋，其中几何已经设置完毕，此处为不可编辑模式；顶部钢筋可不设置；底部钢筋选择直径14mm的HRB400型钢筋，钢筋间距设置为15cm；插筋直径设置为16mm，锚固长度柱内为59.2cm，基础内为30.40cm。

设置完基础尺寸、钢筋标准后，点击右侧工具栏的【楼层参数】按钮，打开楼层参数对话框，如图8-13所示可以设置环境类别、安全等级、最小配筋类别等信息。

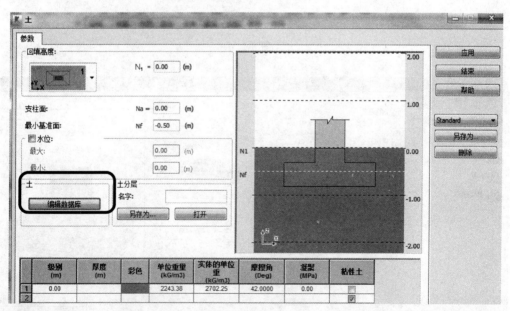

图 8-13

对于基础的提供钢筋配筋方式，右侧工具栏点击，打开【土】对话框，设置岩土的基本信息，如图8-14所示为土参数设置对话框。

图 8-14

点击上述对话框【编辑数据库】将弹出如图8-15所示的【土壤数据库】对话框，可根据工程实际设置。

设置完毕后，点击菜单栏的开始计算按钮。计算完毕后，可查看基础的结果、配筋

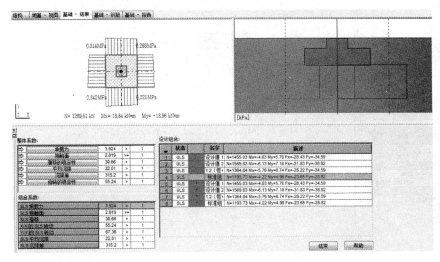

图 8-15

及报告。基础的结果如图 8-16 所示。

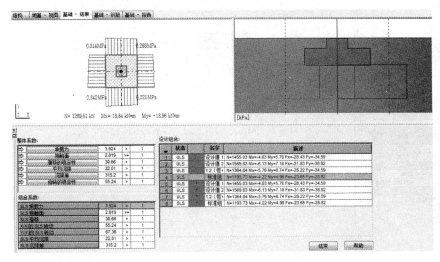

图 8-16

通过【基础-结果】界面可以查看各种荷载组合下，承载力极限状态和正常使用极限状态的信息。

点击【基础-钢筋】，打开基础三维钢筋视图，基础三维配筋图如图 8-17 所示。

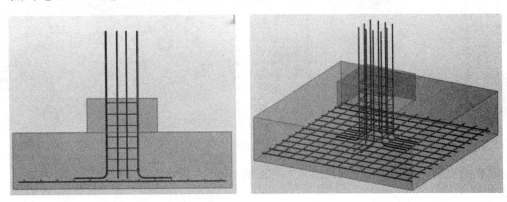

图 8-17

基础的报告包括两大部分，第一大部分为扩展基础，其包含基本数据、基础设计、**混凝土结构设计**；第二大部分为材料概况。如图 8-18 所示，给出基础-报告部分示意图。

对于走廊两侧的基础，可以设置为双柱基础；在 Robot 中实现双柱基础的设置需要同时选择两个基础，点击右侧工具栏的提供钢筋按钮，开始进行双柱基础的提供钢筋配筋，步骤与上述单柱的类似，当选择完【手动组合】后，界面将弹出对话框询问是否设计带两根柱的扩展底座，此时选择【是】即可。

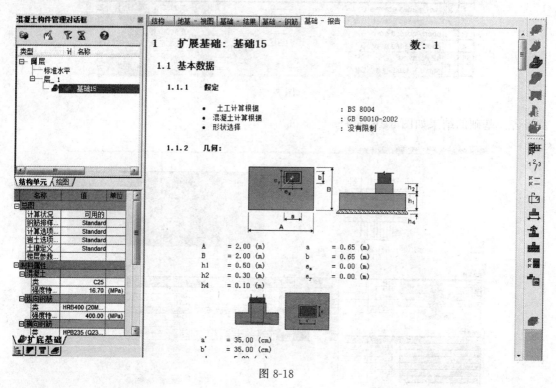

图 8-18

根据上述流程进行设置，完成设置后点击【开始计算】，将给出双柱基础的配筋结果及三维配筋图，如图 8-19 所示。

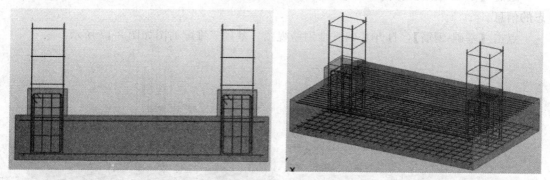

图 8-19

基础的提供钢筋配筋介绍到此结束，下面给出 15 号基础的 Robot 配筋图纸，如图 8-20 所示。

（2）梁提供配筋

由于本书所用软件为 Robot，因此在我国规范下不能对梁、柱进行提供配筋。为了给读者展示梁、柱的配筋过程，现在采用欧洲规范进行操作，特此说明。

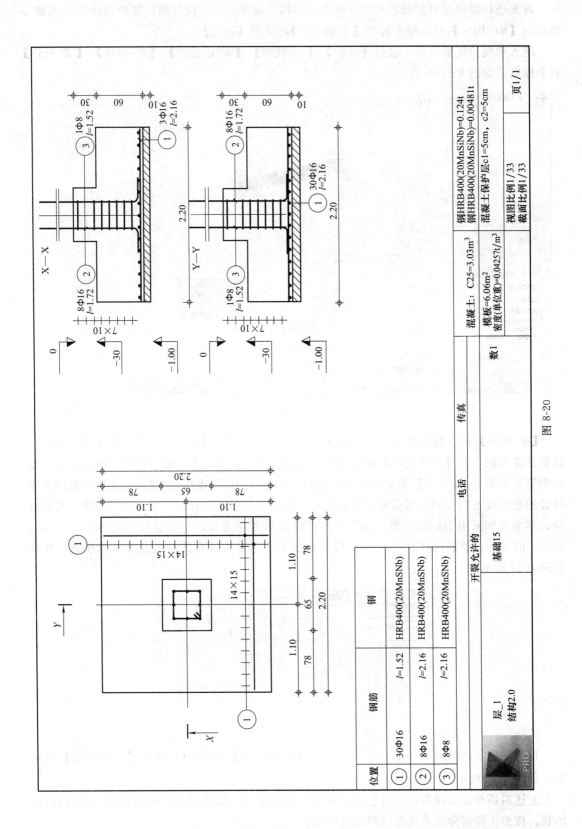

图 8-20

首先选择需要进行配筋的构件，此处以结构 1 轴线的梁、柱为例；选择完毕后点击 ▓ ，弹出的【RC 构件】对话框中选择【手动组合】，点击【确定】。

进入梁提供配筋界面，包括【结构】、【梁-视图】、【梁-示意图】、【梁-钢筋】、【梁-报告】五个标签。如图 8-21 所示。

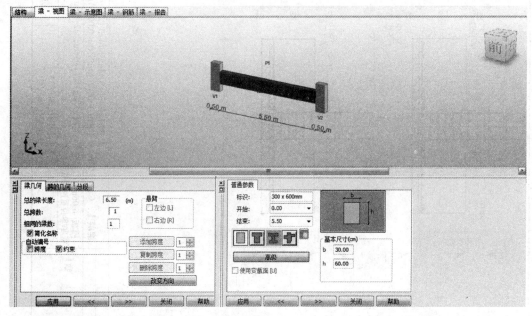

图 8-21

【梁-视图】标签包括梁的几何参数和普通参数，选择右侧工具栏的计算选项按钮 ▓ ，设置计算参数，在【计算选项】对话框中，包括：普通、混凝土、横向钢筋、纵向钢筋、附加钢筋五类参数。【普通】参数中需要设置的是最下保护层厚度信息；【混凝土】参数中需要设置的是混凝土的类别及其参数；横向钢筋、纵向钢筋需要设置的主要是钢筋等级、钢筋直径，本书实例采用 HRB400 型，钢筋直径可以选择常用直径，例如直径为 16mm、18mm、20mm 的主筋，箍筋选择直径 8mm。此处的钢筋选择是为计算配筋做准备，钢筋选择样式如图 8-22 所示。

	✓	名称	d (mm)	A (cm2)
1	☐	6	6.00	0.28
2	☐	8	8.00	0.50
3	☐	10	10.00	0.79
4	☐	12	12.00	1.13
5	☐	14	14.00	1.54
6	✓	16	16.00	2.01
7	✓	18	18.00	2.54
8	☐	20	20.00	3.14

图 8-22

设置完计算选项后，点击右侧工具栏的【钢筋类型】按钮 ▓ ，弹出【钢筋类型】对话框，如图 8-23 所示。

上述对话框需要设置的参数包括：普通、底部钢筋、顶部钢筋、横向钢筋、构造钢筋、形状。按照工程实际需求进行特别设置即可。

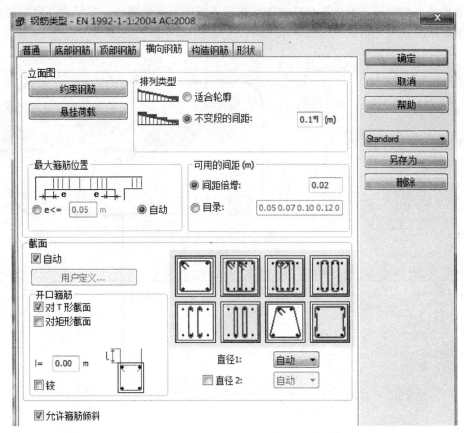

图 8-23

设置完毕后，点击【开始计算】按钮 ![]，进行梁提供钢筋配筋的计算。计算完成后，若未出现警告或者错误则说明符合规范要求。选择【梁-示意图】标签查看，如图 8-24 所示。

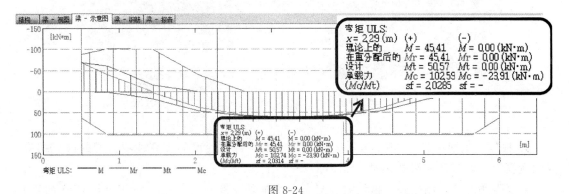

图 8-24

将鼠标放置在上述标签的包络图中，移动鼠标则显示梁不同部位的信息。标签底部含有不同的显示目录，可以进行切换，例如可切换至【SLS】【钢筋】【挠度】【简单工况】进行查看。

选择【梁-钢筋】界面，如图 8-25 所示，根据之前设置的参数，Robot 计算后得到的三维配筋图。界面的下方为钢筋表，包含普通、详细、汇总表、间距与面积标签，【普通】标签下，选择某一类钢筋，则被选择的钢筋将在三维图中以其他颜色（默认为红色）显示。将梁的三维配筋图放大显示依然如图 8-25 所示。

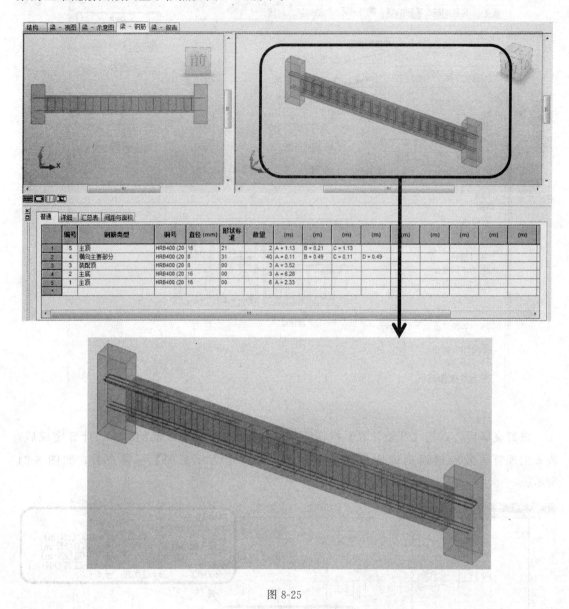

图 8-25

梁-报告与前面讲过的基础-报告类似，其中梁的特性、梁的计算选项、梁的计算结果、梁的钢筋等参数信息都在梁-报告中给出。

需要强调的是，此处梁的提供钢筋配筋介绍是基于欧洲规范进行的，随着 BIM 的不断兴起和发展，软件类的问题相信会不断被解决，包括此处梁按照提供钢筋配筋的问题。

（3）柱提供配筋

由于同属杆件单元，因此柱的提供配筋与梁的配筋类似。

按照 5.2.4 介绍的配筋流程以及梁的提供钢筋配筋步骤，进行设置计算柱的提供钢筋配筋，柱三维配筋图如图 8-26 所示。

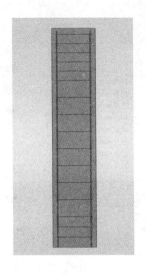
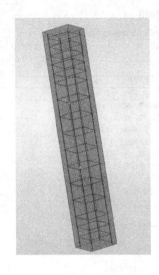

图 8-26

8.2 基于 Revit 的配筋

Revit 可为混凝土构件添加实体钢筋,如混凝土梁、板、柱、基础、墙等。用户可以使用钢筋命令或使用速博插件进行配筋,下面将介绍添加钢筋的方法。本章中所需的配筋图附在本章最后,读者在配筋时可以参照。

8.2.1 钢筋命令进行配筋

(1) 设置混凝土保护层

使用钢筋命令添加钢筋之前,需要对混凝土保护层厚度进行设置。

项目样板中已经根据 GB 50010—2010《钢筋混凝土结构设计规范》的规定,对混凝土保护层的厚度进行了预先设置。点击【结构】选项卡>【钢筋】面板>【保护层】,选项栏显示如图 8-27 所示。

图 8-27

点击选项栏最右侧的【 ··· (编辑保护层设置)】按钮,打开【钢筋保护层设置】对话框,见图 8-28。对话框中Ⅰ、Ⅱ、Ⅲ分别对应环境类别的一类、二类、三类。如果样板中预先设置的保护层不能满足用户的需求,用户可以在对话框中添加新的保护层设置。此外,用户也可对已有的保护层进行复制、删除、修改等操作。

向项目中添加的混凝土构件,程序会为其设置默认的保护层厚度。若要重新设置保护层厚度,可以启动保护层命令后,选择需要设置保护层的图元或者图元的某个面。选中后在选项栏会显示当前的保护层设置。在下拉菜单中可以进行修改,见图 8-29。

用户也可以在选中图元后,在属性栏对保护层进行修改,见图 8-30。

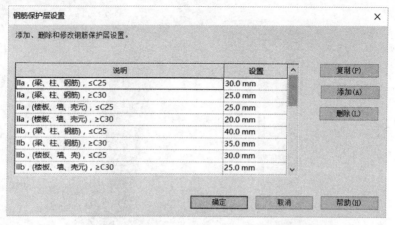

图 8-28

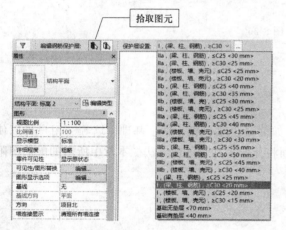

图 8-29

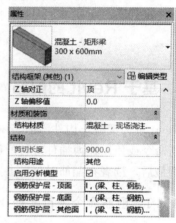

图 8-30

(2) 创建剖面视图

创建一个剖面视图,剖切将要配筋的混凝土图元。此处以梁为例。

剖面命令:【视图】选项卡＞【创建】面板＞【剖面】,见图 8-31。

图 8-31

启动命令后,点击鼠标确定剖面的起点,再次点击确定剖面的终点。对构件进行剖切。绘制完毕或选中剖面后,点击 ⇆ 图标,可以对剖面进行翻转,见图 8-32。剖面创建完毕后,可以选中所创建的剖面后点击右键,选择【转到视图】,或是在项目浏览器中进入剖面视图,见图 8-33 和图 8-34。

进入到剖面视图,显示出剖切的梁和楼板,见图 8-35。可以对剖面视图的范围进行调整,选中剖面视图的边界线,变为可拖动状态。拖动边界以屏蔽不希望显示的构件,见图 8-36。

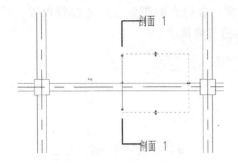
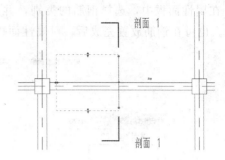

图 8-32

图 8-33

图 8-34

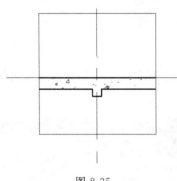

图 8-35

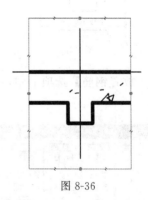

图 8-36

(3) 放置钢筋

钢筋命令：【结构】选项卡＞【钢筋】面板＞【钢筋】，见图 8-37。

图 8-37

启动命令后，状态栏显示见图 8-38。在右侧会显示钢筋形状选择器，与状态栏中内容一致，见图 8-39。类型选择器可以在状态栏中通过点击 □ 图标来启动和关闭。用户可以在此选择所添加钢筋的形状，若没有所需的钢筋形状，可以通过【修改｜放置钢筋】选项卡＞【族】面板＞【族】来载入钢筋形状族。选择钢筋的形状。

在属性面板中，选择钢筋的类别，并可对形状、弯钩、钢筋集、尺寸进行设置，见图8-40。也可在钢筋放置完成后，对属性面板中内容进行修改。

图 8-38

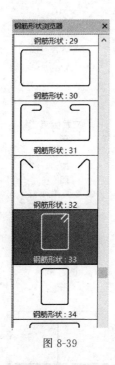

图 8-39

图 8-40

【修改｜放置钢筋】选项卡中，可以对钢筋放置平面、钢筋放置方向以及布局进行设置，见图8-41。

图 8-41

①【放置平面】面板。当前工作平面、近保护层参照、远保护层参照定义了钢筋的放置平面。

②【放置方向】面板。平行于工作平面、平行于保护层、垂直于保护层定义了多平面钢筋族的哪一侧平行于工作平面。

③【钢筋集】面板中，通过设置可以创建与钢筋的草图平面相垂直的钢筋集，并定义钢筋数和/或钢筋间距。通过提供一些相同的钢筋，使用钢筋集能够加快添加钢筋的速度。钢筋集的布局如下。

a. 固定数量：钢筋的间距是可调整的，但钢筋数量是固定的，以用户的输入为基础。

b. 最大间距：指定钢筋之间的最大距离，但钢筋数量会根据第一条和最后一条钢筋之间的距离发生变化。

c. 间距数量：指定数量和间距的常量值。

d. 最小净间距：指定钢筋之间的最小距离，但钢筋数量会根据第一条和最后一条钢筋之间的距离发生变化。即使钢筋大小发生变化，该间距仍会保持不变。

当用户选择了多平面钢筋族时，【修改｜放置钢筋】选项卡显示如图 8-42 所示。

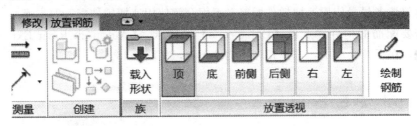

图 8-42

放置透视中的【顶】【底】【前侧】【后侧】【右】【左】定义了多平面钢筋族的哪一侧平行于工作平面。

在放置完成后选中钢筋，可以对钢筋的布局进行调整。

设置完成后，将鼠标移动到截面内，进行钢筋的添加。

(4) 钢筋的显示

在剖面视图中，选中钢筋，在属性面板中点击【视图可见性状态】一栏中的【编辑】按钮，见图 8-43。

图 8-43

在弹出的【钢筋图元视图可见性状态】对话框中，可以对钢筋在不同视图中的显示状态进行设置。三维视图默认不显示，见图 8-44。勾选三维视图中【清晰的视图】【作为实体查看】。完成后进入三维视图，将【详细程度】设为【精细】，【视觉样式】设置为【真实】，钢筋的显示效果见图 8-45。

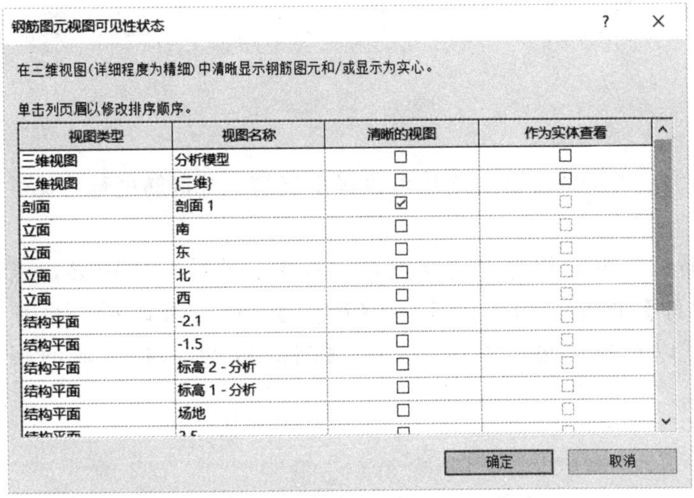

图 8-44

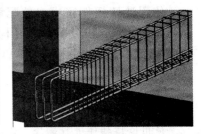

图 8-45

本节以 1 层 4-A 柱为例，说明为柱配筋的方法。

8.2.2　使用速博插件配筋

速博插件能够快速地生成钢筋，与使用钢筋命令添加钢筋相比，能够节约大量的时间和工作量，建议读者尽量使用速博插件配筋。下面介绍使用速博插件配筋的步骤。

选中需要配筋的构件，点击【Extensions】选项卡＞【Autodesk Revit Extensions】面板＞【钢筋】，在下拉菜单中，选择相应的构件类型，见图 8-46。

图 8-46

以梁为例，选中要配筋的梁，在钢筋的下拉菜单中选择【梁】，见图 8-47。之后，弹出【梁配筋】对话框，见图 8-48。可对配筋的各个参数进行调整。

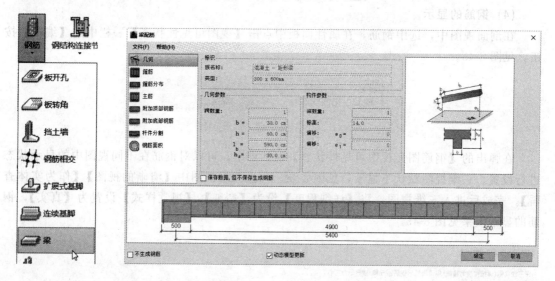

图 8-47　　　　　　　　　　　　　　　　　　图 8-48

设置完成后，点击【确定】，完成对梁的配筋。之后可以选中钢筋，对钢筋进行可见性设置。可见性的相关设置见上节。

使用速博插件完成构件配筋后，可对构件中的钢筋进行删除、修改。选中梁，点击【Extensions】选项卡＞【构件】面板＞【修改】或【删除】。点击修改后，会弹出【梁配筋】，对话框，用户可以对参数进行修改。点击【删除】，可以将生成的钢筋删除。

💡 提示

使用速博插件进行删除、修改的配筋，必须是由速博插件生成的配筋。若非使用速博插件添加的钢筋，不能通过速博插件进行编辑，程序会弹出如图 8-49 所示的提示框。

图 8-49

8.2.3　添加钢筋实例

(1) 柱

① 钢筋命令添加钢筋　此处以 1 层 2-A 柱为例进行说明，先介绍使用钢筋命令进行配筋的方法。

首先创建竖向构件的剖面，即标高平面，具体标高自己选定。创建完成将该平面重新命名为【1 层截面】，如图 8-50 所示。

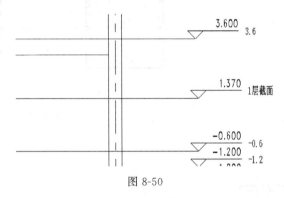

图 8-50

进入【1 层截面】平面视图，图中显示了被剖切的柱，见图 8-51。

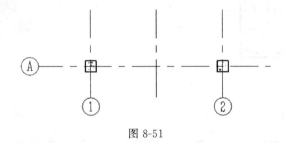

图 8-51

点击【结构】选项卡＞【钢筋】面板＞【钢筋】，选择钢筋形状 33，在属性面板类型选择器中【8 HRB400】。放置平面设为【近保护层参照】；放置方向设为【平行于工作平面】；钢筋集布局选择【最大间距】，间距设为【150mm】，见图 8-52。

将鼠标移动至构件内部，会显示出箍筋的预览，见图 8-53。按动空格键可以调整箍筋弯钩的位置。图中的虚线表示混凝土保护层，钢筋会自动附着在保护层上。放置完成后，选中钢筋，在箍筋的四边会出现箭头，拖动箭头可以改变相应的位置，见图 8-54。也可以在属性面板中对箍筋尺寸进行精确调整，配合移动命令摆放到目标位置。完成后的效果见图 8-55。

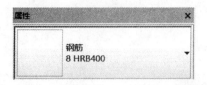

图 8-52

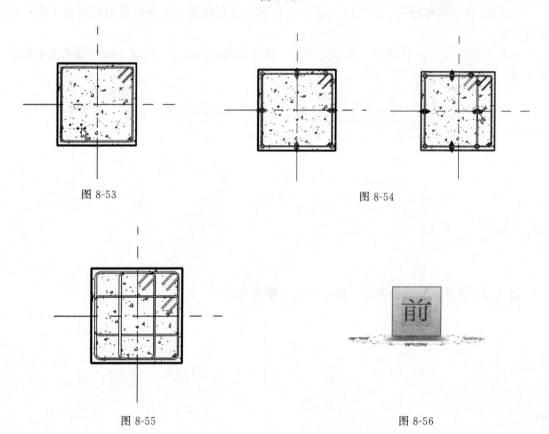

图 8-53

图 8-54

图 8-55

图 8-56

之后添加箍筋的加密区。调整钢筋可见性,勾选三维视图。在三维视图中点击【ViewCube】中【南】或者立方体上的【前】,转到【前】立面,见图 8-56。可以看到添加的钢筋。此步骤也可在立面视图中进行。三维视图方便用户切换角度进行观察。立面视图中可以使用尺寸标注工具,方便用户随时量取尺寸。用户可以灵活选择。

三维视图中箍筋的显示效果见图 8-57。之后调整箍筋的竖向排布,创建箍筋的加密区。底部加密区高度取 1200mm,顶部加密区高度取 600mm。选中钢筋后,钢筋的上下边界显示可以拖动的三角形,按鼠标左键移动鼠标即可改变箍筋上下边界位置,调整完毕后箍筋的非加密区如图 8-58所示。选中钢筋后进行复制,将箍筋复制到柱下端,见图 8-59。将箍筋布局改为【间距数量】,数量 12,间距 100mm。同理,创建上部加密区,完成效果见图 8-60。

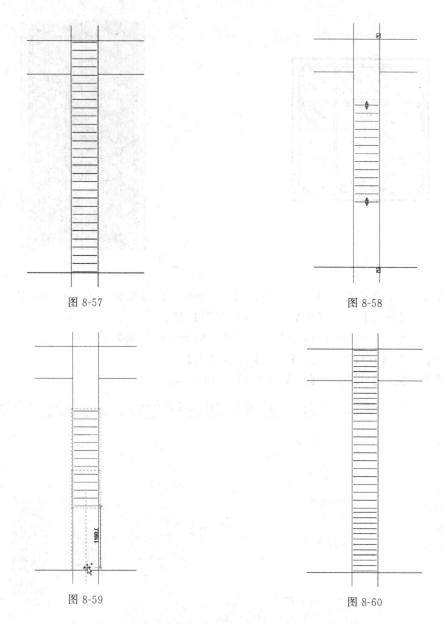

图 8-57　　　　　　　　　　　　图 8-58

图 8-59　　　　　　　　　　　　图 8-60

之后添加纵筋，进入【1 层截面】平面视图。选择【16 HRB400】钢筋，形状选择【01】，功能区设置如图 8-61 所示。

图 8-61

在柱中放置纵筋，纵筋会吸附在箍筋上。放置完成后，见图 8-62。三维效果如图 8-63 所示。

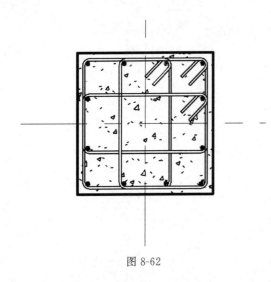

图 8-62

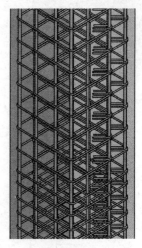

图 8-63

②速博插件添加钢筋　选中柱，点击【Extensions】选项卡＞【Autodesk Revit Extensions】面板＞【钢筋】中的【柱】，打开【柱配筋】对话框。

a. 钢筋：设置纵向钢筋的钢筋类型、弯钩、截面中的钢筋数量。

【钢筋】选择【16HRB400】；【弯钩】选择【无】。

【钢筋数量】【n_b】设为 4，【n_h】设为 4，见图 8-64。

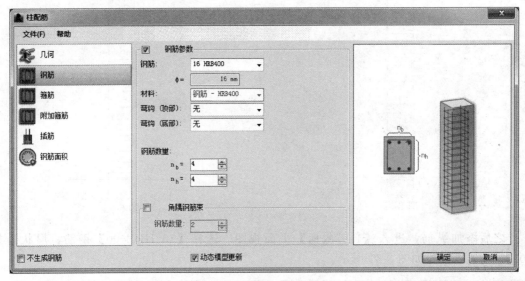

图 8-64

b. 箍筋：设置箍筋的钢筋类型、弯钩、保护层厚度、箍筋类型、箍筋的分布。

【钢筋】选择【8 HRB400】。

【弯钩 1】【弯钩 2】选择【抗震镫筋/箍筋-135】。

保护层厚度【c】为默认的【I，（梁、柱、钢筋）≥C30，＜20mm＞】。

【箍筋类型】选择▨；【分布类型】选择▨。

【s_n】为 150mm；【s_t】为 100mm；【l】为 1200；绑扎到板。见图 8-65。上下加密区的高度此处只能设为相同的值，生成钢筋后，用户自行调整。

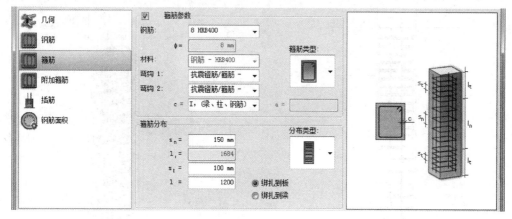

图 8-65

c.附加箍筋：本例中，柱中箍筋采用井字形复合箍筋，附加钢筋一栏中设置见图 8-66。

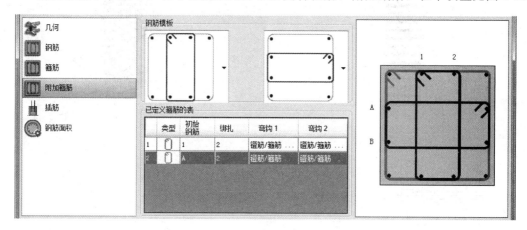

图 8-66

插筋一栏按照默认设置即可。

点击【确定】，速博插件便为构件生成钢筋。生成的钢筋效果见图 8-67。

（2）梁

① 钢筋命令进行配筋　以 2 轴 A-B 跨梁为例。

进入【3.6】结构平面，创建如图 8-68 所示剖面，进入剖面视图，剖面视图会包含每一层，调整视图范围后见图 8-69。

点击【结构】选项卡＞【钢筋】面板＞【钢筋】，选择钢筋形状 33，在属性面板中选择【8 HRB400】。放置平面、放置方向以及钢筋集的设置见图 8-70。

在梁中放置箍筋，并调整弯钩位置。箍筋放置完成后，放置纵筋。将放置方向设置为【垂直于保护层】，梁下部钢筋为 3Φ18，上部钢筋为 2Φ20，梁侧的构造筋为 2Φ12，构造筋的箍筋为 Φ6，间距为 400。在剖面中放置所有的纵向钢筋后，见图 8-71。

设置钢筋的可见性后进入相应的视图，同柱的方法一样，通过复制、调整钢筋集的布局可以布置箍筋的加密区，此处不再详细介绍。对支座负筋进行拖动以改变长度。纵筋可在属性栏调整弯钩形状。完成后梁中钢筋的三维效果见图 8-72。

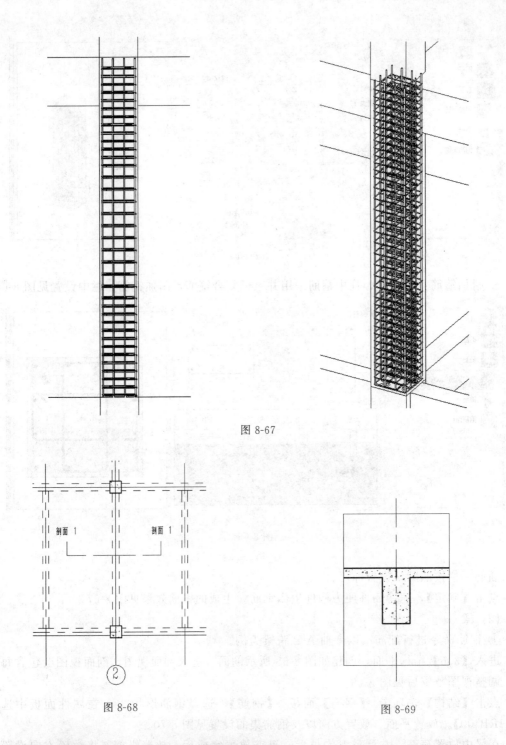

图 8-67

图 8-68

图 8-69

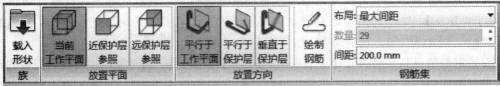

图 8-70

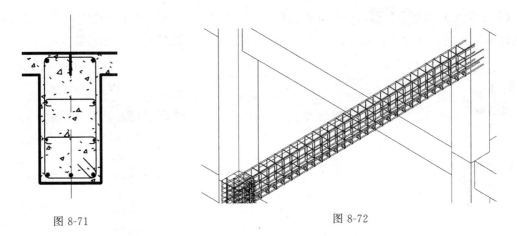

图 8-71   图 8-72

② 速博插件添加钢筋　选中需要配筋的梁，还以这根梁为例。点击【Extensions】选项卡＞【Autodesk Revit Extensions】面板＞【钢筋】中的【柱】，打开【柱配筋】对话框。对话框下部，是梁和配筋的视图图形。在对话框中进行如下设置。

a. 箍筋：设置钢筋种类、箍筋、弯钩的类型以及保护层厚度。

【钢筋】选择【8 HRB400】；【弯钩1】【弯钩2】选择【抗震镫筋/箍筋-135】。

保护层厚度【c】为默认的【Ⅰ，（梁、柱、钢筋）≥C30，＜20mm＞】。

【箍筋类型】选择██，见图 8-73。

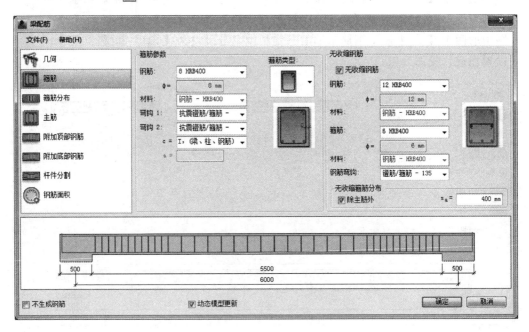

图 8-73

无收缩钢筋，即拉筋。勾选后对应的选框变为可编辑状态，用户可以在此设置腰筋的类别、箍筋的类别以及弯钩形式。但使用速博只能在一侧配置一根构造筋。可以先使用速博生成钢筋，配合钢筋命令对速博钢筋进行修改。

b. 箍筋分布：设置箍筋的分布形式。

【分布类型】选择 。选择分布类型后，在左侧的主箍筋分布一栏中，可以设置相应的尺寸，并在下面的图中给出了各尺寸的意义和预览。作如图 8-74 所示设置。

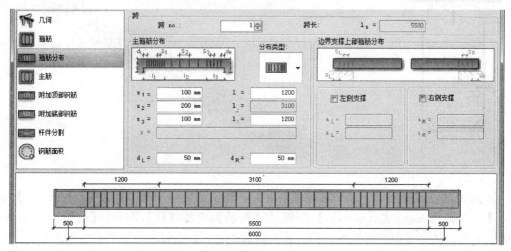

图 8-74

c. 主筋：选择上部钢筋和下部钢筋的钢筋类别。

下部钢筋：【杆件】选择【18 HRB400】；【弯钩】选择【无】；【n】设为【3】。
图中的两个【l_1】表示钢筋末端的弯锚长度，分别设为【300】和【300】。
上部钢筋：【杆件】选择【20 HRB400】；【弯钩】选择【无】；【n】设为【2】。
图中的两个【l_1】表示钢筋末端的弯锚长度，分别设为【300】和【300】。
设置完成，见图 8-75。

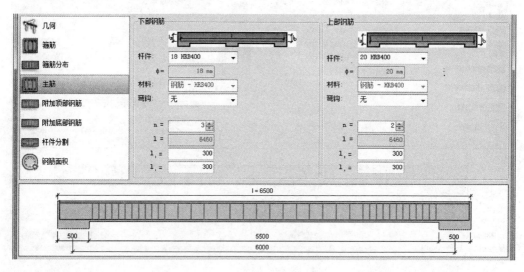

图 8-75

d. 附加顶部钢筋：可以添加支座处的负筋，设置负筋长度、弯钩形状及长度。作如图 8-76 所示设置。

e. 附加底部钢筋：由于主筋只能选择一种类型，因此不同类型的底部钢筋可在此栏中添加，可以设置钢筋的尺寸和弯钩。对话框下方的图会给出钢筋的预览。本例中下部钢筋不

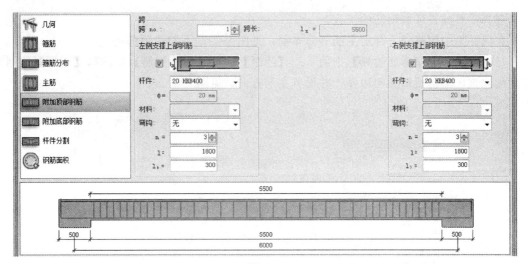

图 8-76

涉及多种类型，不做设置。

使用速博生成的钢筋见图 8-77。

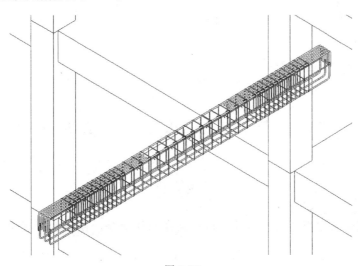

图 8-77

(3) 楼板钢筋

速博插件不能为楼板配筋，需要使用区域钢筋和路经钢筋两个命令完成楼板的配筋。进入【3.6】平面视图，此处以一个房间为例。

这里使用区域钢筋为板添加下部钢筋。

点击【结构】选项卡＞【钢筋】面板＞【区域】，见图 8-78。

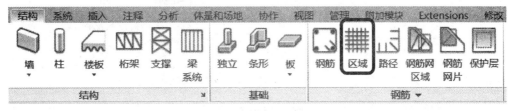

图 8-78

选择需要配置区域钢筋的楼板。

在属性栏中调整板下部的主筋和分布筋，见图 8-79。不勾选顶部筋。

在【修改｜创建钢筋边界】选项卡＞【绘制】面板【线形钢筋】中选择【矩形】绘制方式，创建该房间楼板钢筋的边界，并设置主筋方向，见图 8-80。

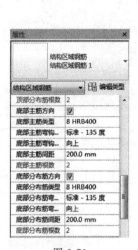

图 8-79

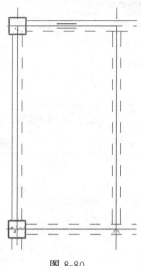

图 8-80

钢筋的立面效果见图 8-81。

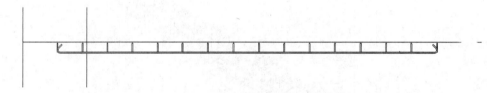

图 8-81

使用路径钢筋添加板的上部钢筋。启动路径钢筋命令，在属性面板中，对钢筋进行设置，见图 8-82。

图层	
面	顶
钢筋间距	180.0 mm
钢筋数	40
主筋 - 类型	14 HRB400
主筋 - 长度	3200.0 mm
主筋 - 形状	21
主筋 - 起点弯钩类型	无
主筋 - 终点弯钩类型	无
分布筋	□
分布筋 - 类型	8 HRB400
分布筋 - 长度	2000.0 mm
分布筋 - 形状	
分布筋 - 偏移	0.0 mm
分布筋 - 起点弯钩...	标准 - 90 度
分布筋 - 终点弯钩...	无

图 8-82

在选项栏中设置偏移，在绘图区域绘制区域钢筋的路径，见图8-83。

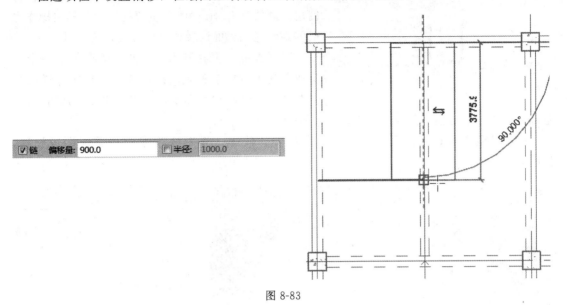

图 8-83

创建完成后，钢筋的三维效果见图8-84。

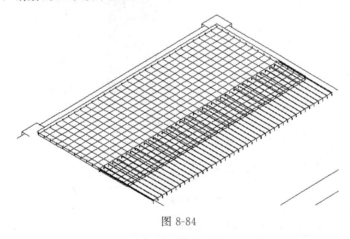

图 8-84

（4）基础钢筋

① 创建基础　Robot 软件生成的基础没有正常导入 Revit 中。为了介绍基础配筋的方法，并介绍族的相关操作，在这里先使用基础命令创建基础，再向基础中添加钢筋。

独立命令：【结构】选项卡＞【基础】面板＞【独立】，见图8-85。

图 8-85

启动命令后，在属性面板类型选择器下拉菜单中选择合适的独立基础类型，如果没有合适的尺寸类型，可以在属性面板【编辑类型】中通过复制的方法创建新类型。如果没有合适

图 8-86

的族，可以载入外部族文件，还可以根据需要自行创建。而族是 Revit 中十分重要的概念，相关操作也很重要，感兴趣的读者可自行查阅相关资料。

以 2-A 处柱下独基为例，此处需要创建一个二阶独立基础。启动独立基础命令后，在属性栏的类型选择器中没有相关类型，点击【修改｜放置 独立基础】选项卡＞【模式】面板＞【载入族】，见图 8-86。

打开【载入族】对话框，显示了程序自带的族库，族库按照专业和类别进行放置，见图 8-87。

图 8-87

图 8-88

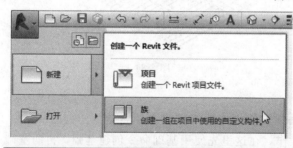

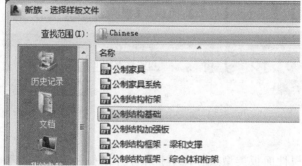

图 8-89

用户在对话框中，依次点击【结构】>【基础】，打开基础文件夹，见图 8-88。并不包含所需要的二阶独立基础，还需自行创建。

点击【应用程序菜单】>【新建】>【族】，在对话框中选择族样板【公制结构基础】，见图 8-89。

进入族编辑器界面，见图 8-90。

族样板文件中默认定义了参照平面，默认的建模插入点位于正中心原点处，一般不做修改。原点处正交的两个参照平面已经锁定，其位置不可改变。

设置族类型，【创建】选项卡>【属性】面板>【族类型】，打开【族类型】对话框，见图 8-91。

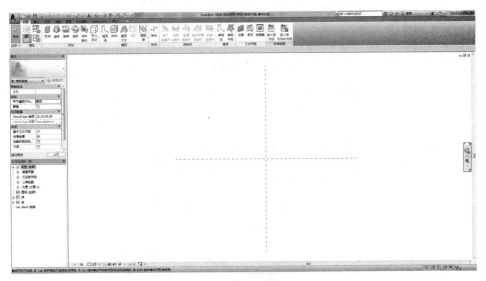

图 8-90

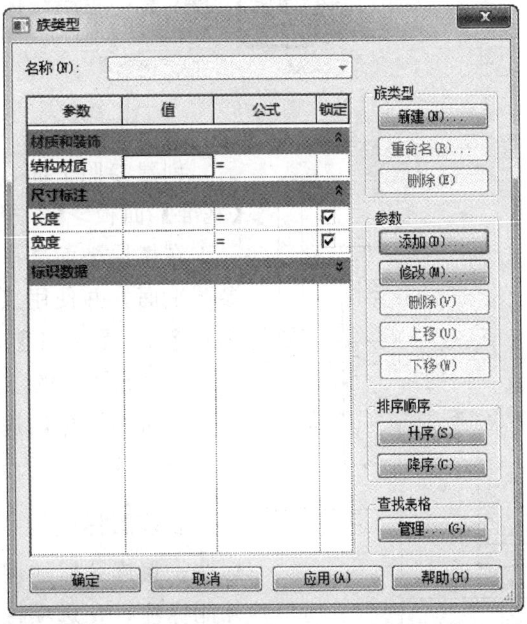

图 8-91

在对话框中可定义构件的类型以及不同类型所对应的参数。此处，按照一种类型创建。族样板中已经包含了两个参数，可用作第一阶基础的长和宽，还需要定义第二阶的长和宽，以及两阶基础的高度。点击对话框右侧，参数一栏中的【添加】，弹出参数属性对话框，输入参数的名称，此处输入【a】，其余不做修改，见图8-92。点击【确定】，在【族类型】对话框中便生成了刚刚创建的参数a。同理，创建参数b、h1、h2。

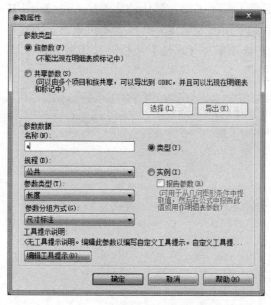

图 8-92

图 8-93

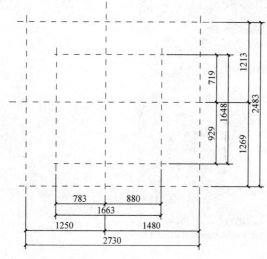

图 8-94

创建参照平面，点击【创建】选项卡＞【基准】面板＞【参照平面】，见图8-93。

在楼层平面【参照标高】视图中，绘制参照平面，并使用【注释】选项卡＞【尺寸标注】＞【对齐】创建标注，创建见图8-94。注意图中的参照平面绘制在大致位置即可，可通过标注进行调整。

选中标注后，在尺寸标注处会出现EQ，点击后该图标变为EQ，标注也转为了等分标注。将连续标注调整为等分。之后选中最外侧标注，在选项栏中【标签】一栏下，选择参数，该标注便与参数相关联，见图

8-95，为 4 个标注关联【长度】【宽度】【a】【b】4 个参数，关联完成后，尺寸前会显示参数名称，见图 8-96。此时标注的值为刚刚创建参照平面之间的距离，而现在，该距离可以通过修改参数的值来修改。将【长度】与【宽度】的值改为 3000，【a】和【b】的值改为 1700，完成后见图 8-97。

进入前立面视图，创建参照平面、标注，并将标注与【h1】【h2】相关联，将【h1】和【h2】的值改为 300，完成后见图 8-98。

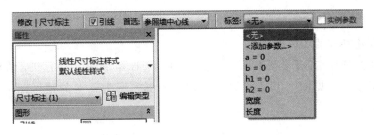

图 8-95

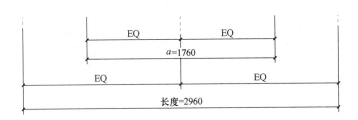

图 8-96

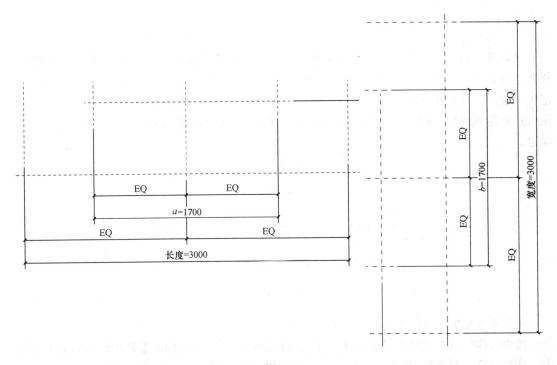

图 8-97

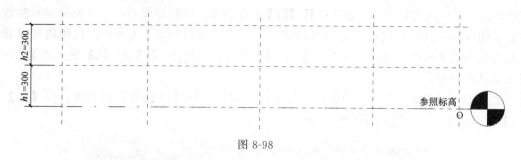

图 8-98

下面开始创建基础的实体部分。

点击【创建】选项卡＞【形状】面板＞【拉伸】，选择矩形的绘制方式，在绘图区域沿参照平面绘制一个矩形，见图 8-99。之后点击锁形图标，变为锁上的锁形图标，该边就被固定在了参照平面上。

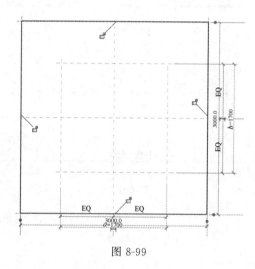

图 8-99

之后进入前立面视图，使用对齐命令，快捷键"AL"，点击参照平面后再点击轮廓线，两者对齐显示锁形图标，见图 8-100。同理，点击锁形图标，变为锁上的锁形图标，两者固定在一起。这时，通过修改参数便可以调整几何体的尺寸。采用同样的方法，创建第二阶。注意在立面视图中二阶和一阶会有重合，可以拖动轮廓上的箭头调整位置后再进行对齐、锁定。

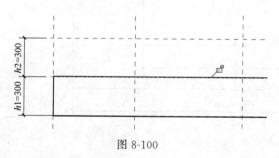

图 8-100

实体完成后的三维效果，如图 8-101 所示。

选中实体，点击属性栏【材质】一栏右侧的小方框，在弹出的【关联族参数】对话框中，选择【结构材质】，见图 8-102。点击【确定】完成设置。

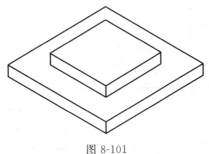

图 8-101

图 8-102

创建完成，可以将这一族文件保存，方便以后使用，也可以直接导入到项目中，点击【修改】选项卡＞【族编辑器】面板＞【载入到项目】，见图 8-103。

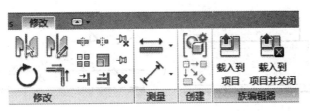

图 8-103

将基础添加到 2-A 柱下，基础的材质设置方法与其他构件相同，不再赘述。

② 基础配筋

a. 钢筋命令添加钢筋。首先创建基础的剖面，进入【－1.2】平面视图，创建如图 8-104 所示剖面。进入剖面视图，调整视图范围后，见图 8-105。图中已将两侧基础梁隐藏。

启动钢筋命令，钢筋选择【12 HRB400】，形状选择 01，见图 8-106。

在【修改｜放置钢筋】选项卡中，设置钢筋的放置平面为【当前工作平面】；放置方向为【平行于工作平面】；钢筋集中布局选择【最大间距】，间距设为【180.0mm】，见图 8-107。

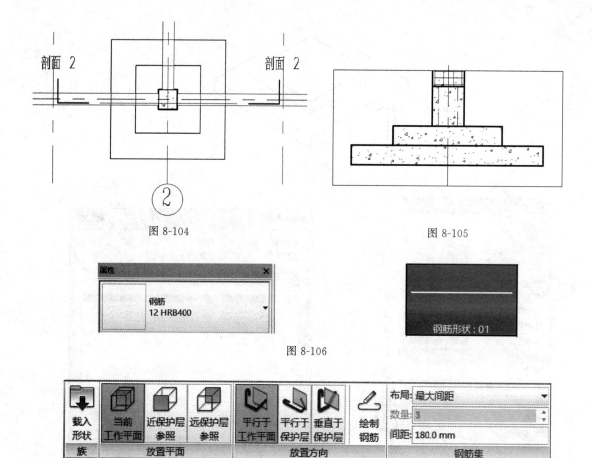

图 8-104　　　　　　　　　　　　　　　　　　图 8-105

图 8-106

图 8-107

　　向基础中放置纵向钢筋，见图 8-108。之后将放置方向调整为【垂直于保护层】，放置横向钢筋，见图 8-109。

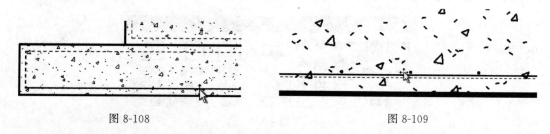

图 8-108　　　　　　　　　　　　　　　　图 8-109

　　为基础添加插筋，由于钢筋生成时可以捕捉某一构件的保护层，而插筋位置特殊，无法直接添加，因此先将其添加至模型中，再进行调整。选择 16 HRB400 钢筋，钢筋形状选择09，放置平面为【当前工作平面】，放置方向为【平行于工作平面】。

　　在截面中插入钢筋，见图 8-110。之后选中刚刚添加的钢筋拖动其造型操纵柄，对其形状进行修改，配合调整属性栏的参数，可以精确设定尺寸，调整后见图 8-111。

　　将插筋设置为在【−1.2】视图中可见，进入【−1.2】平面视图，可以看到刚刚在剖切面上放置的插筋，见图 8-112。使用复制、旋转、移动命令，在其他柱纵筋处添加插筋，完成后见图 8-113。

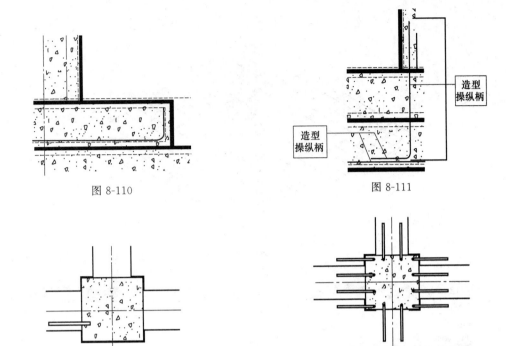

图 8-110

图 8-111

图 8-112

图 8-113

为插筋添加定位箍筋，将上方柱中最外圈箍筋复制到基础当中。将其布局改为【最大间距】【180mm】，拖动造型拖动柄进行调整。定位箍筋添加完成，见图 8-114。使用此方法添加的钢筋程序会提示【完全放置在其主体之外】，通过【修改|结构钢筋】选项卡＞【主体】面板＞【拾取新主体】，见图 8-115，将箍筋的主体选为基础。

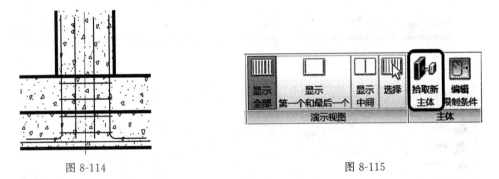

图 8-114

图 8-115

至此，基础配筋全部完成，三维效果见图 8-116。

b. 速博插件添加钢筋

• 几何：显示柱的基本信息，由程序自动生成。

• 底部钢筋：设置见图 8-117。

• 插筋：设置见图 8-118。

• 基础箍筋：设置见图 8-119。

生成的基础配筋见图 8-120。图中已隐藏柱中钢筋和基础梁。

部分构件的钢筋三维效果见图 8-121。

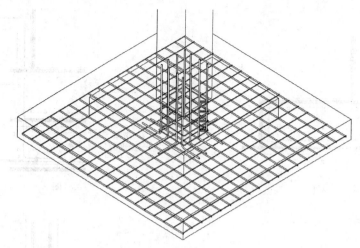

图 8-116

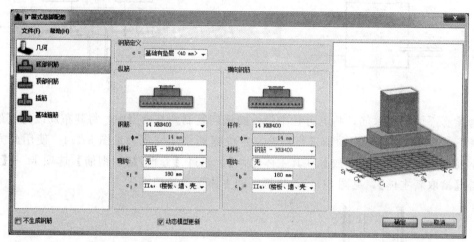

图 8-117

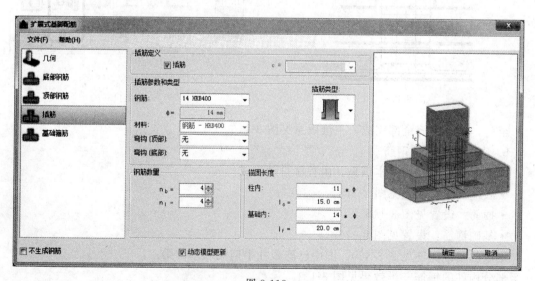

图 8-118

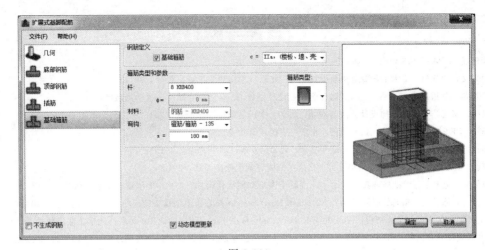

图 8-119

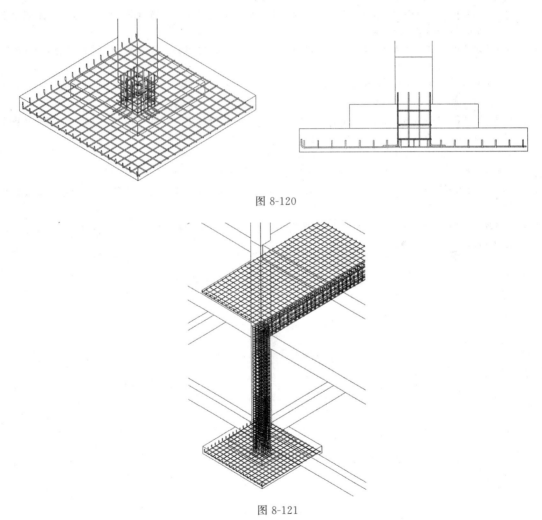

图 8-120

图 8-121

　　由于篇幅所限，钢筋创建的相关操作就简单介绍到这里。根据不同的情况，还需要对钢筋形状、位置、排布等进行调整，用户可以灵活地在不同的视图中来完成这些操作，这里就不再介绍。

参 考 文 献

［1］ 李建成. BIM 应用·导论. 上海：同济大学出版社，2015.

［2］ 梁兴文，史庆轩. 土木工程专业毕业设计指导. 北京：中国建筑工业出版社，2014.

［3］ 贾莉莉，陈道政，江小燕. 土木工程专业毕业设计指导书. 合肥：合肥工业大学出版社，2007.

［4］ 焦柯，杨远丰. BIM 结构设计方法与应用. 北京：中国建筑工业出版社，2016.

［5］ 杨星. PKPM 结构软件从入门到精通. 北京：中国建筑工业出版社，2008.

［6］ 郭仕群，杨振. PKPM 结构设计与应用实例. 北京：机械工业出版社，2015.

［7］ 汪新. 高层建筑框架-剪力墙结构设计. 北京：中国建筑工业出版社，2013.

［8］ 张仲先. 土木工程专业毕业设计指南——混凝土多层框架结构设计. 北京：中国建筑工业出版社，2013.

［9］ 王言磊，张祎男，陈炜. BIM 结构：Autodesk Revit Structure 在土木工程中的应用. 北京：化学工业出版社，2016.

［10］ 王言磊，王永帅. BIM 结构：Autodesk Robot Analysis 在土木工程中的应用. 北京：化学工业出版社，2017.

［11］ 中华人民共和国住房和城乡建设部，中华人民共和国国家质量监督检验检疫总局. GB 50010—2010 混凝土结构设计规范. 北京：中国建筑工业出版社，2010.

［12］ 中华人民共和国住房和城乡建设部，中华人民共和国国家质量监督检验检疫总局. GB 50011—2010 建筑抗震设计规范. 北京：中国建筑工业出版社，2010.

［13］ 中华人民共和国住房和城乡建设部，中华人民共和国国家质量监督检验检疫总局. GB 50009—2012 建筑结构荷载规范. 北京：中国建筑工业出版社，2012.

［14］ 中华人民共和国住房和城乡建设部. JGJ 3—2011 高层建筑混凝土结构技术规程. 北京：中国建筑工业出版社，2011.

［15］ 中华人民共和国住房和城乡建设部，中华人民共和国国家质量监督检验检疫总局. GB 50007—2011 建筑地基基础设计规范. 北京：中国建筑工业出版社，2011.

［16］ 岳杰. BIM 技术及其在建筑设计中的应用. 四川建材，2011（05）：270-271.

［17］ 王加峰. 建筑工程 BIM 结构分析与设计方法研究. 武汉：武汉理工大学，2013.

［18］ 刘锋涛. Revit 结合 Robot Structural Analysis 方式的混凝土框架结构本土化设计研究. 广州：广东工业大学，2016.

［19］ 王言磊，李芦钰，侯吉林等. 土木工程常用软件与应用——PKPM、ABAQUS 和 MATLAB. 北京：中国建筑工业出版社，2017.